Taschenbücher zur Musikwissenschaft

104

Taschenbücher zur Musikwissenschaft
Herausgegeben von Richard Schaal
104

FLORIAN NOETZEL VERLAG
»HEINRICHSHOFEN-BÜCHER« · WILHELMSHAVEN

FRANZ HERMANN FRANKEN

Die Krankheiten großer Komponisten

BAND 1

Joseph Haydn · Ludwig van Beethoven
Vincenzo Bellini · Felix Mendelssohn Bartholdy
Frédéric Chopin · Robert Schumann

FLORIAN NOETZEL VERLAG

»HEINRICHSHOFEN-BÜCHER« · WILHELMSHAVEN

CIP-Kurztitelaufnahme der Deutschen Bibliothek

Franken, Franz Hermann:
Die Krankheiten grosser Komponisten / Franz Hermann Franken. – Wilhelmshaven: Noetzel, Heinrichshofen-Bücher; Wilhelmshaven: Heinrichshofen.

Bd. 1. Joseph Haydn, Ludwig van Beethoven, Vincenzo Bellini, Felix Mendelssohn-Bartholdy, Frédéric Chopin, Robert Schumann. – 1986
(Taschenbücher zur Musikwissenschaft; 104)
ISBN 3-7959-0419-6

NE: GT

Satz: Der Satz-Partner, Wiefelstede-Metjendorf
Druck und Bindung: Heinrichshofen's Druck, Wilhelmshaven
Printed in Germany
ISBN 3-7959-0419-6

Inhalt

Robert Schumann

Vorwort

Biographie kann nicht ohne Berücksichtigung der Krankheiten, die ein Leben begleiteten, geschrieben werden, sonst bleibt sie unvollständig. Da die Biographen aber meistens keine Mediziner sind, werden die pathographischen Daten vernachlässigt. Damit erhält der Leser ein unzulängliches Bild der dargestellten Persönlichkeit. Es ist erstaunlich, wie heute noch Autoren, denen auf ihrem eigenen Gebiet die Diskussion um historische Kleinigkeiten Seiten wert ist, mit einer flüchtigen Handbewegung Krankheit und Sterben eines Menschen beiseite wischen, so als hätte das kaum Bedeutung. Wenn man in jüngst erschienenen Büchern lesen muß, daß junge Menschen, wie etwa Mendelssohn, an »Überarbeitung« gestorben seien, so kann man über einen derart mangelnden Sachverstand, und was dem Leser in der zweiten Hälfte des 20. Jahrhunderts noch alles an antiquierten Vorstellungen zugemutet wird, nur den Kopf schütteln. In jungem Alter stirbt man nicht an Überarbeitung, sondern nur an handfesten Krankheiten, die sich großenteils zuvor zu erkennen geben.

Das Leben einer ganzen Reihe unserer bedeutenden Komponisten ist durch chronische Krankheit und einen frühen Tod gekennzeichnet. Da man darüber so wenig oder Falsches liest und die Lektüre oft am Ende unbefriedigt aus der Hand legt, machte ich es mir zur Aufgabe, den Krankengeschichten verschiedener großer Musiker nachzugehen, um damit die für eine Biographie notwendigen medizinischen Ergänzungen beizusteuern. Dabei geht es nicht nur um Diagnosestellungen, sondern auch um die Darlegung der Krankengeschichten, da sie für die Gesamteinschätzung eines Lebenslaufs unentbehrlich sind. Bewußt sind dabei Spekulationen über Einflüsse von Krankheiten auf die künstlerische Kreativität unterblieben. Meiner Ansicht nach kommt den diesbezüglich so gerne diskutierten Beziehungen nur eine untergeordnete Bedeutung zu. Das Genie arbeitet weitgehend unabhängig von seinem physischen Zustand, und eine Fliege an der Wand, die es ärgert, hat unter Umständen mehr Einfluß auf seine schöpferische Arbeit, als eine tödliche Krankheit, die es quält. Beispiele hierfür ließen sich genügend anführen.

Voraussetzung für pathographisches Arbeiten bilden medizingeschichtliche Kenntnisse, da sich Begriffe und Vorstellungen in der Medizin ständig wandeln. So müssen pathographische Darstellungen auch unablässig dem neuesten wissenschaftlichen Stand angepaßt werden. Dabei war es mir ein Anliegen, dies so zu tun, daß auch der musikinteressierte Laie die pathographische Seite einer Biographie zu verstehen vermag. Ich hoffe, es ist gelungen. Im vorliegenden Band konnten nur sechs interessierende Krankengeschichten großer Musiker aufgenommen werden, da sonst der Rahmen überschritten worden wäre. Ein zweiter Band mit den Krankengeschichten von Wolfgang Amadeus Mozart, Franz Schubert, Carl Maria von Weber u.a. ist in Vorbereitung.

Ohne sachverständige Hilfe kann ein solches Buch heute nicht mehr geschrieben werden. Sie ist mir reichlich und bereitwillig zuteil geworden. Nicht alle, die meine

Arbeiten entgegenkommend unterstützt haben, können namentlich aufgeführt werden. Bei einigen drängt der Dank jedoch dazu. Es sind: Prof.Dr. H. Schadewaldt, Direktor des Instituts für Geschichte der Medizin der Universität Düsseldorf, Prof.Dr. M. Staehelin, ehemaliger Direktor des Beethoven-Archivs in Bonn, jetziger Direktor des musikwissenschaftlichen Seminars der Universität Göttingen, Prof.Dr. S. Kross, musikwissenschaftliches Seminar der Universität Bonn, Dr. G. Feder, Leiter des Joseph Haydn Instituts in Köln, Priv.Doz. Dr. P. König, Primarius der Landesheilanstalt Valduna in Rankweil/ Vorarlberg, Prof.Dr. V. Becker, Direktor des pathologischen Instituts der Universität Erlangen, Prof.Dr. W. Braun, Direktor der neurochirurgischen Abteilung des Krankenhauses Bethesda Wuppertal und Frau Dr. Eva Weissweiler, Musikwissenschaftlerin in Köln.

Das Kapitel über Vincenzo Bellini stützt sich auf eine vorzügliche Dissertation meiner Doktorandin Frau Karen Horn, der ich für ihren Einsatz danke.

Nicht vergessen werden darf bei der Dankabstattung die Schreiberin und Betreuerin des Manuskripts, meine Frau, die so viele wichtige Arbeit im Stillen getätigt hat.

Der letzte Dank gilt dem Florian Noetzel Verlag, der die schöne und preiswerte Herausgabe dieses ersten Bandes anregte und ermöglichte.

Freiburg, im Juli 1985 Der Verfasser

Joseph Haydn

(1732–1809)

Einleitung

Der Beginn der Haydn-Renaissance liegt noch keine zwanzig Jahre zurück. Erst jetzt ist Haydn wieder in seinen Rang als Komponist eingesetzt. Zuvor sah man ihn im Schatten Mozarts und Beethovens, und nur die Kenner wußten, daß er als Dritter ebenbürtig dazugehört. Mozart und Beethoven griffen immer wieder auf ihn zurück und orientierten sich an ihm. Was wäre heute die Welt der Sinfonie oder des Streichquartetts ohne die unerschöpfliche Vielfalt Haydnscher Werke! Jede seiner Sinfonien und jedes seiner Streichquartette stellt ein kleines Wunderwerk dar. Kein anderer als Mozart hat das in seiner vollen Bedeutung zuerst erkannt. Gewiß ist es kein Zufall, daß seine sechs Haydn gewidmeten Streichquartette die meisten Korrekturen innerhalb des Mozartschen Gesamtwerks aufweisen. Haydn war auch ein vielbeschäftigter Opernkomponist, was heute noch nicht allgemein bekannt ist. Seine aufreibende Tätigkeit als Kapellmeister am Hofe von Esterháza, der dortige Operngeschmack, und der Mangel an guten Librettis haben es wahrscheinlich verhindert, daß er nicht Opern von der Gewichtigkeit Mozarts schuf, denn er hätte es gekonnt. Seine beiden Oratorien »Die Schöpfung« und »Die Jahreszeiten« beweisen es.

Inzwischen liegt der größte Teil der Werke Haydns auf Schallplatten eingespielt vor, und im Rundfunk gehört er

Joseph Haydns Geburtshaus in Rohrau. Ölgemälde von W. Kröpsch 1829.
Sammlungen der Gesellschaft der Musikfreunde in Wien.

Joseph Haydn. Bleibüste um 1799.
Bildarchiv der österreichischen Nationalbibliothek.

zu den meistgesendeten Komponisten. Die Musikwissenschaftler, voran H.C.Robbins-Landon, haben umfangreiches biographisches Material über ihn zusammengetragen, und das Joseph-Haydn-Institut in Köln ist dabei, sein Gesamtwerk in Urtextausgaben herauszubringen. Man weiß einiges mehr über Werk und Persönlichkeit Haydns als noch vor einem Dutzend Jahren. Über seine letzten Lebensjahre hat man sich bisher aber wenig Gedanken gemacht. Robbins-Landon spricht in seiner 1981 erschienenen Biographie eingangs davon, daß Haydn »einen schönen Lebensabend, geehrt von der Familie Esterházy« gehabt habe. Erst am Schluß des Buches läßt er einige Zitate über dessen Alterskrankheit folgen. Haydn hatte aber – und er hat das selbst oft genug beteuert – keinen unbeschwerten Lebensabend. Materiell zwar gesichert und mit Ehrungen überhäuft, war er von jahrelanger Krankheit gezeichnet.

Am Ende der Lektüre der 1984 erschienenen, lesenswerten und reich bebilderten Monographie von Manfred Huss gewinnt man den Eindruck, Haydn's letzte Lebensjahre hätten einer Art »wohlverdientem Ruhestand« geglichen, währenddem er nicht mehr »komponieren wollte«. Durch Haydns eigene Aussagen und die Berichte von Zeitgenossen ist jedoch verbürgt, daß er nicht mehr komponieren konnte. So erhält der biographisch interessierte Leser noch 1984 eine Schönfärbung von Haydns letzten Lebensjahren. Auch ein chronisches Übel, das Haydn zeit seines Lebens stark belästigte, ein aller Therapie trotzender Nasenpolyp wird biographisch kaum zur Notiz genommen. Wenn Haydn heute ins rechte Licht gerückt wird, muß das auch vom Blickwinkel seiner Krankengeschichte aus geschehen.

Jugendjahre

Pathographisch läßt sich Haydns Leben in zwei Abschnitte einteilen: in die Jahre von seiner Geburt am 31. März 1732 bis etwa 1799 und in die restlichen zehn Jahre bis zu seinem Tod am 31. Mai 1809. Haydn kam in Rohrau, einem Dorf an der österreichisch-ungarischen Grenze zur Welt. Sein Vater war dort Wagnermeister, seine Mutter gehörte dem Küchenpersonal der Herrschaft des Orts an. Von den zwölf Kindern des Ehepaars Haydn erreichten nur drei das Erwachsenenalter, darunter der fünf Jahre jüngere Michael (1737–1806). Er hat nicht die Bedeutung seines Bruder erreicht, war aber ein tüchtiger Musiker am Hof des Fürstbischofs von Salzburg. Seine kompositorischen Kostbarkeiten finden heute wieder zunehmende Beachtung.

Schon im Alter von fünf Jahren wurde Haydn in das benachbarte Städtchen Hainburg zum Musikunterricht und zum Erlernen von Lesen und Schreiben gegeben. Dort war seines Bleibens nur drei Jahre, denn 1740 nahm man ihn wegen seines schönen Soprans als Sängerknaben in das Kapellhaus des Stephansdoms zu Wien auf.

Über die Krankengeschichte des damals achtjährigen Haydn liegen uns keine Daten vor. Offenbar war er schon als Kind gegenüber den üblichen und gefährlichen Kinderkrankheiten widerstandsfähig. Eindeutige Indizien besitzen wir darüber, daß er eine heftige Pockenerkrankung (Blattern) durchgemacht hatte. Sein Leben lang hatte er ein charakteristisches pockennarbiges Gesicht. Man kann es deutlich auf einer nicht geschmeichelten Büste von 1799, die möglicherweise der Bildhauer Grassi schuf, sehen. Grassi dürfte dabei nicht übertrieben haben, wie wir aus zwei Quellen wissen. Einmal schreibt Haydn selbst am 25. März 1796 an den Wiener Großhändler von

Der Stephansdom in Wien mit dem Kapellhaus, Aquarellierte Federzeichnung vor 1804. Das vierstöckige Gebäude im Bild ist das Kapellhaus. Kartensammlung der Österreichischen Nationalbibliothek.

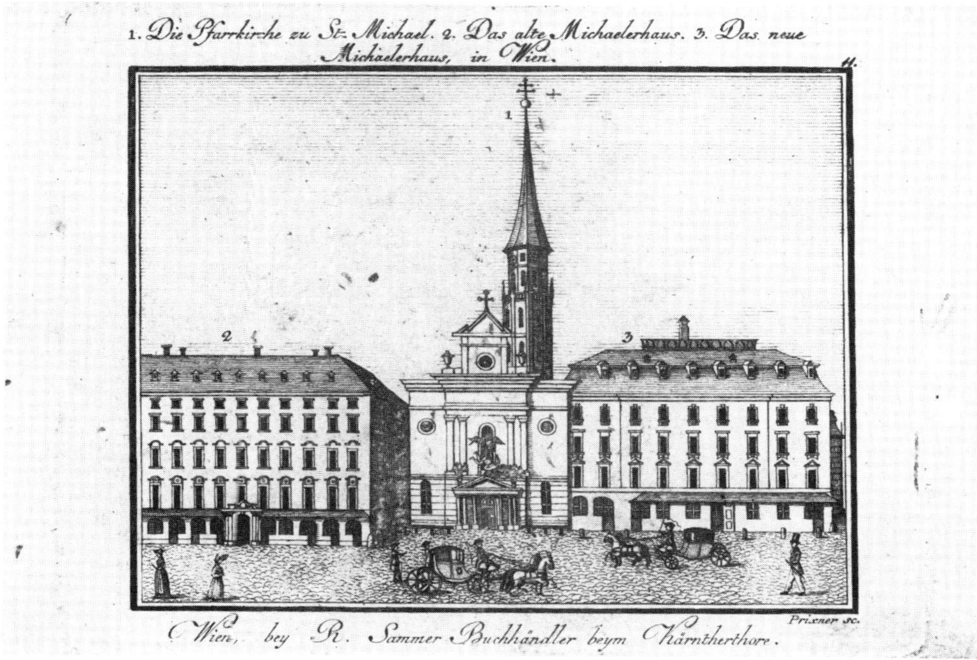

Der Michaelerplatz in Wien. Links im Bild das Große Michaelerhaus, in dem Haydn um 1751 in einer Dachkammer wohnte. Bildarchiv der Österreichischen Nationalbibliothek.

der Nüll: »Ich nehme mir die freyheit gehorsamst zu bitten, mir auf mein blattermasigstes Gesicht 100 Gulden in Bankopapier ... zu leihen«. Zum anderen vermerkt der Maler Albert Christoph Dies, der Haydn 1805 erstmals besuchte, um biographische Daten über ihn zu sammeln: »Seine Habichtsnase ... sowie auch die übrigen Gesichtsteile waren stark mit Blatternarben, die Nase selbst von Blatternähten bezeichnet, so daß die Nasenlöcher jedes eine andere Form hatten«. Bei der unterschiedlichen Form der Nasenlöcher dürfte allerdings das Polypenleiden mehr von Bedeutung gewesen sein.

Bis zu seinem Stimmbruch blieb Haydn Sängerknabe im Kapellhaus. Sein Sopran soll, laut Griesinger, dem zweiten wichtigen Haydnbiographen, so schön gewesen sein, daß man ihn gerne »sopranisiert« hätte, was nichts anderes als »kastrieren« bedeutet. Griesinger schreibt in seinen biographischen Notizen, wobei er sich ausdrücklich auf Äußerungen Haydns bezieht: »Damals waren am Hofe und an den Kirchen in Wien noch viele Kastraten angestellt und der Vorsteher des Kapellhauses glaubte ohne Zweifel des jungen Haydn Glück zu gründen, wenn er mit dem Plane, ihn sopranisieren zu lassen umging und auch wirklich den Vater um seine Einwilligung befragte. Der Vater, dem dieser Vorschlag gänzlich mißfiel, machte sich schleunigst auf den Weg nach Wien und in der Meinung, daß die Operation vielleicht gar schon könnte vorgenommen worden seyn, tritt er in das Zimmer wo sich sein Sohn befand mit der Frage: »Sepperl, tut Dir was weh, kannst Du noch gehen?« Hocherfreut, seinen Sohn unverletzt zu finden, protestierte er gegen alles fernere Ansinnen von dieser Art und ein Kastrat, welcher zugegen war, bestärkte ihn selbst in seinem Entschlusse«. Haydns Lieblingsschüler, der Komponist und Klavierbauer Ignaz Pleyel (1757–1831) bescheinigt die Ernsthaftigkeit des Vorhabens ebenfalls. Von den beiden Haydn-Biographen Carpani und Pohl wird sie jedoch in Zweifel gezogen. Der Gedanke daran läßt jedenfalls schon erschauern.

Die Kapellhauszeit endete mit einem regelrechten Rausschmiß, wie Haydn später erzählte. Seine Stimme wurde schon brüchig, als er einem Chorknaben sein zu einem Zopf geflochtenes Haar abschnitt. Er wurde daraufhin »zu Stockschlägen in die flache Hand« verurteilt. Um der Strafe zu entgehen, erklärte er, er wolle lieber gleich aus dem Kapellhaus austreten, wenn man ihm dafür die Strafe erlasse. Sein Lehrer Georg Reutter (1708–1772), Kapellmeister am Stephansdom, antwortete darauf aber: »Da hilft nichts, Du wirst erst geprügelt und dann marsch«.

Es folgten harte Zeiten für Haydn, in denen er sich als Aushilfsmusiker und mit Stundengeben durchschlagen mußte. Ab 1751 hauste er in einer nicht beheizbaren Dachstube des Michaelerhauses in Wien. 1756 konnte er sich ein etwas besseres Quartier leisten. In diese Zeit fällt eine kurze Anstellung beim Baron Carl Joseph von Fürnberg, die deswegen so bedeutsam ist, weil Haydn in Verbindung damit seine ersten Streichquartette schrieb und damit die Streichquartettliteratur aus der Taufe hob. Fürnberg wollte von ihm Kompositionen haben, die »von vier Kunstfreunden« gespielt werden konnten.

1758 erhielt Haydn eine Kapellmeisterstelle beim Grafen Morzin. Die 16köpfige Kapelle wurde aber schon 1761 wieder aufgelöst, da der Graf in finanzielle Schwierigkeiten geraten war. Haydn wechselte zum Fürsten Paul Anton Esterházy (1711–1762) nach Eisenstadt über, wo er zunächst zum Vizekapellmeister und designierten Nachfolger des kränkelnden Gregor Werner ernannt wurde. Damit nahmen drei Jahrzehnte einer einmaligen musikgeschichtlichen Epoche an den Ufern des Neusiedlersees ihren Anfang. Haydns Krankengeschichte ist bis dahin leer, die Jahre des Darbens hatten ihm gesundheitlich nicht geschadet.

Esterháza

Die Fürsten Esterházy residierten vorwiegend in Eisenstadt, hatten aber auch ein kleines Jagdschloß am Südostufer des Neusiedlersees in Besitz. Fürst Paul Anton, der Haydn engagiert hatte, war ein großer Liebhaber von Musik und Theater. Er starb schon 1762, und sein jüngerer Bruder Nikolaus (1714–1790) folgte ihm als regierender Fürst. Nikolaus, auch der »Prachtliebende« genannt, war noch musik- und theaterbesessener als sein verstorbener Bruder. Eisenstadt genügte ihm als Residenz bald nicht mehr, und er beschloß, das kleine Jagdschloß in ein Prunkschloß umbauen zu lassen, mit zwei Theatern: eines für Oper und Schauspiel, das andere für Marionettenaufführungen. Beruflich bedeutete das für Haydn eine Aufwertung, andererseits aber auch eine zusätzliche Belastung. Esterháza lag abgelegen in einer sumpfigen Gegend, die als ungesund galt. Die Musiker durften ihre Familien nicht dorthin mitnehmen, und über Jahre hin befand man sich auf einem riesigen Bauplatz, da Nikolaus schon dort residierte, ehe die Bauarbeiten abgeschlossen waren. 1768 wurden Opernhaus und Marionettentheater fertig. Fürst Nikolaus und der gesamte Hofstaat blieben nunmehr fast das ganze Jahr über in Esterháza.

Haydn galt am Esterházyschen Hof nicht als Bediensteter, wie das oft angenommen wird, sondern hatte den Status eines Hausoffiziers inne. Damit war ein hohes Gehalt verbunden und das Speisen an der fürstlichen Tafel. Seine Aufgabe war es, das Opern- und Konzertleben zu leiten und regelmäßig eigene Kompositionen zur Aufführung zu bringen. Dabei genoß er größte künstlerische Freiheiten. Freundschaft und Großzügigkeit des Fürsten gegenüber Haydn sind durch Dokumente gut belegt. So hing Haydn seinerseits auch sehr an Nikolaus und der fürstlichen Familie, mit ein Grund, warum er das ungeliebte Esterháza zu Lebzeiten des Fürsten nicht verließ. Die Behandlung der ehelichen Misere Haydns durch Nikolaus stellt ein gutes Beispiel für dessen Zuneigung dar. Haydn hatte 1760 die Tochter eines Wiener Perückenmachers geheiratet. Anna Maria Keller (1729–1800), die kinderlos blieb, zeigte wenig Verständnis für Haydn und seine Kunst. Sie war ungebildet und bigott und soll auch recht verschwenderisch mit Haydns Geld umgegangen sein. In späteren Jahren lebte das Ehepaar vorwiegend getrennt. Als im Jahre 1779 Antonio und Luigia Polzelli (†1832) in Esterháza engagiert wurden, er als Geiger, sie als Sängerin, entwickelte sich rasch eine intimere Verbindung zwischen Haydn und der etwa dreißigjährigen Luigia. Sie wurde seine Geliebte. Die künstlerischen Leistungen der beiden Polzellis – er soll viel älter als sie und kränklich gewesen sein – waren nicht dazu angetan, daß ihr einjähriger Vertrag verlängert wurde, und man entließ sie. Da schaltete sich Haydn ein und erwirkte eine stillschweigende Verlängerung des Vertrags von Jahr zu Jahr. Zur künstlerischen Aufwertung der Polzelli schrieb Haydn leichtere, von ihr gut zu bewältigende Arien und paßte schwierigere Gesangstücke ihrer Stimme an. Die Fürsorge des Fürsten geht auch aus einem Schreiben aus dem Jahre 1764 hervor, als Haydn akut erkrankt war. Näheres über den Charakter der Krankheit wissen wir nicht. In dem Schreiben gibt der Fürst die Anweisung, daß Haydn sich alle Arzneien auf Kosten des Hauses besorgen könne.

Nikolaus I., Fürst Esterházy (1714–1790).
Ölgemälde um 1770. Ungarische Nationalgalerie Budapest.

Joseph Haydn als Esterházyscher Hausoffizier.
Verschollenes Ölgemälde von B. Grundmann um 1762.
Foto: Manfred Huss in »Joseph Haydn», Ed. Roetzer, Eisenstadt 1984.

In den übrigen Esterházy-Jahren scheint Haydn, trotz der bissigen Bemerkung eines Zeitgenossen, daß die Bewohner des Neusiedlersees in der Gegend des Schlosses wie die Gespenster aussähen und fast alle im Frühjahr vom kalten Fieber befallen würden, meist gesund gewesen zu sein. An Erkrankungen verbürgt ist nur ein »hitziges Fieber« 1770 und eine Verletzung oder Verstauchung des linken Fusses 1782, worüber Haydn an seinen Verleger Artaria schreibt: »Eben an den tag, als ich Ihre wertheste von 2ten pass to (passato) erhielte, hatte ich das unglück, durch einen fall meinen lincken Fuß so gewaltig zu beschädigen, daß ich bis dato noch nicht ausser Haus gehen kan; die genaueste Diaet verursachte demnach die Verzögerung meiner schuldigen Rückandworth«.

Da über die »gewaltige Beschädigung« später kein Wort mehr verloren wird, dürfte sie wohl folgenlos ausgeheilt sein. Bemerkungen über einen »Catarrh« finden sich 1789 und 1790. Darüber hinaus ist nur noch von Haydns ständigem Plagegeist, dem Nasenpolypen, die Rede. Dieser machte ihm das Leben zeitweilig schwer. Erstmals kommt Haydn darauf in einem Brief an Artaria am 8. April 1783 zu sprechen; er schreibt: »mein widerholter unglücklicher Zustand, nemblich die gegenwärtige Operation eines Polyp in der nase verursachte, dass ich bishero zu arbeith ganz unfähig war. Sie müssen sich danenhero wegen denen liedern noch 8 oder höchstens 14 Täge gedulden bis mein geschwächter Kopf mit Gottes Hülfe seine vorige stärcke erlanget.«

Wie Griesinger berichtet, mußte der Polyp innerhalb von dreißig Jahren dreimal vom Wundarzt der Barmherzigen Brüder in Eisenstadt unterbunden werden und zwar immer dann, wenn er so groß geworden war, daß er die Nasenöffnung versperrte und es dadurch zu erheblichen Atembeschwerden gekommen war. Haydns Nasenpolyp war gutartig. Derartige Nasenpolypen entstehen durch einen Vorfall der Schleimhaut der Kieferhöhle. Sie sind gestielt und vergrößern sich langsam. Als grauweiße Substanz sind sie von einer gewissen Größe an in der Nasenöffnung zu sehen. Durch die Unterbindung des Polypenstils kann man sie zum Abfallen bringen, sie rezidivieren aber gerne. Bei Haydn war das der Fall, und so suchte man dem Übel operativ beizukommen. Wie Dies berichtet, suchte Haydn dazu den Protochirurgen der österreichischen Armee G.A. Brambilla (1728–1800), eine angesehene Kapazität, auf. Welcher Art die Operation war, die Brambilla vornahm, ist nicht bekannt; jedenfalls zeitigte sie keinen Erfolg. Vielmehr büßte Haydn dabei ein Stück Nasenbein ein. Kein Wunder, daß er keinen Chirurgen mehr an den Polypen heranließ, auch nicht den berühmten John Hunter (1728–1793), am Ende seines ersten Englandaufenthalts, worüber noch zu berichten sein wird.

Englandreisen

Am 18. September 1790 starb Fürst Nikolaus recht plötzlich im 76. Lebensjahr. Er hatte seine Gemahlin Maria Elisabeth, mit der er seit 1737 verheiratet gewesen war, nur um wenige Monate überlebt. Nikolaus, ohnehin zu Depressionen neigend, überwand den Tod seiner Frau nur schwer. Haydn schreibt darüber an Frau von Genzinger, einer Wiener Arztfrau, mit der er feinsinnig befreundet war, am 14. März 1790: »der dodtfall Seiner verstorbenen gemahlin drückte dem Fürsten dergestalt darnieder, dass wür alle unsere Kräften anspanen musten, Hochdenselben aus dieser schwermuth herauszureissen; ich veranstaltete demnach die Ersteren 3 tage, abends

Joseph Haydn. Stich nach einer Bleistiftzeichnung von W. Dance 1794.
Man beachte den durch die behinderte Nasenatmung, infolge des Polypen, offenstehenden Mund.
Bildarchiv der österreichischen Nationalgalerie.

Der Impressario Johann Peter Salomon (1745–1815).
Ölporträt von Th. Hardy, London 1792.
Royal College of Music, London.

grosse Camer Music, aber ohne gesang. Der arme Fürst verfiel aber bey anhörung der Ersten Music über mein Favorit Adagio in D in eine so tiefe Melancholey, dass ich zu thun hatte, Ihm dieselbe durch andere stücke wider zu benehmen ...«.

Der Nachfolger, Fürst Paul Anton II. (1738–1794), ein Sohn von Nikolaus, hatte für Musik wenig übrig und fand zudem einen Schuldenberg von 3,8 Millionen Gulden vor. So entließ er kurzerhand die Kapelle binnen 48 Stunden, nicht ohne Haydn eine ansehnliche Pension von 1 000 Gulden im Jahr auszusetzen. Dieser verließ sofort Esterháza und zog nach Wien. Dort erwartete ihn der englische Impresario Johann Peter Salomon (1745–1815), um ihn zu bewegen, mit nach England zu kommen. Anfängliche Bedenken, die Haydn wegen seines Alters vorbrachte, wußte Salomon durch großzügigste finanzielle Angebote zu zerstreuen. So unterschrieb Haydn den vorgelegten Vertrag und brach schon im Dezember 1790 zur Reise nach England auf. Die Überfahrt über den Ärmelkanal, dazu noch im Winter, kam damals immer einem kleinen Abenteuer gleich, aber der fast sechzigjährige Haydn überwand die damit verbundenen Strapazen ohne größere Beeinträchtigungen. An Frau von Genzinger schreibt er darüber am 8. Januar 1791: »solange es windstill war, förchtete ich mich nicht, zuletzt aber, da der immer stärckere wind ausbrach und ich die heranschlagende ungestimme hohe wellen sahe, überfiel mich eine kleine angst, und mit dieser eine kleine üblichkeit. doch überwündete ich alles und kam ohne S:v: zu brechen glücklich an das gestadt. die meisten wurden kranck, und sahen wie die geister aus; da ich aber nach London kam, wurde ich erst die beschwerde der Reise gewahr, ich gebrauchte 2 Tag um mich zu erhollen. nun aber bin ich wider ganz frisch und Munter ...«. Die »Überfahrt mit der kleinen üblichkeit« hatte immerhin von morgens 7 Uhr dreißig bis fünf Uhr nachmittags gedauert.

Haydn blieb bis zum Juli 1792 in England. Überall wurde er triumphal gefeiert. Die Universität Oxford verlieh ihm den Ehrendoktortitel und das Königshaus bemühte sich um ihn. Dabei vergaß er nicht, sein ganz persönliches Privatleben zu führen, zu dem die Freundschaft mit der Witwe eines Musikers, Rebecca Schröter, gehörte. Rebecca war, wie aus den wenigen erhaltenen Dokumenten hervorgeht, leidenschaftlich in Haydn verliebt und fand seine Gegenliebe. Bei seinem zweiten Londoner Aufenthalt 1794/95 quartierte er sich um die Ecke von ihrer Wohnung ein, wohl mit ein Grund, warum wir so wenig über Rebecca wissen.

Das berüchtigte englische Klima führte während der beiden Englandreisen nur einmal zu einer gesundheitlichen Beeinträchtigung Haydns. Mitte Dezember 1791 litt er, wie er am 20. Dezember Frau von Genzinger mitteilte, an einem »Englischen Rheomatisme, der so starck, dass ich bisweilen hell laut schreyen muss, doch hofe ich denselben bald zu verlieren, weil ich mich, wie hier der gebrauch ist, ganz von unten bis oben mit Franell eingewikkelt habe«. Was Haydn beschreibt, dürfte am ehesten einem »Hexenschuß«, also neuralgischen Beschwerden entsprochen haben. Sie verschwanden rasch wieder, denn am 24. Dezember ging er mit seinem Schüler Ignaz Pleyel schon gemeinsam essen. Pleyel war tags zuvor in London eingetroffen, um bei der Konkurrenz, dem »Professional Concert« als Haydns Gegenspieler aufzutreten. Da Haydn und Pleyel volle Häuser hatten, störten sie sich nicht an dem Konkurrenzkampf. Haydn schätzte Pleyel immerhin so hoch ein, daß er einmal, als er selbst keine geeigneten Kompositionen zur Hand hatte, zwei von dessen Klaviertrios als seine eigenen verkaufte.

Der Nasenpolyp dürfte Haydn in London einige Beschwerden verursacht haben, sonst wäre es wahrscheinlich nicht zu dem Wunsch John Hunters gekommen, ihn davon operativ befreien zu wollen. Bei der von Haydn erzählten Geschichte muß man berücksichtigen, daß Hunter zu den bedeutendsten Chirurgen seiner Zeit gehörte, der entsprechend selbstbewußt auftrat. Operationen im Bereich des Kopfes waren eine Spezialität von ihm. Haydn hatte sich mit ihm in London angefreundet und dürfte sein Leiden mehrfach zur Sprache gebracht haben. Sicher hat er dabei auch betont, daß er aufgrund der mit Brambilla gemachten Erfahrungen von einer weiteren Operation nichts wissen wollte. Gerade das scheint Hunter gereizt zu haben, seinerseits die Operation zu versuchen. Da er Haydn dazu nicht überreden konnte, griff er zu einer List. Dem Biographen Dies schilderte Haydn die Geschichte folgendermaßen: »Kurz vor meiner Abreise [Juni 1792] ließ mich herr Hunter ersuchen dringender Ursache wegen zu ihm zu kommen. Ich ging hin. Nach den ersten Komplimenten traten einige baumstarke Kerle ins Zimmer, packten mich an, und wollten mich auf einen Stuhl setzen. Ich schrie, schlug blaue Flecken, trat solange mit den Füssen bis ich mich befreite und Herrn Hunter, der schon mit seinen Instrumenten zur Operation in Bereitschaft stand, begreiflich machte, ich wolle mich nicht operieren lassen. Er verwunderte sich über meinen Eigensinn und mir schien, er bedauerte mich, dass ich nicht so glücklich sein wollte, seine Geschicklichkeit zu experimentieren ...«.

Auf diese Weise entging Haydn einer äußerst schmerzhaften Operation, deren Folgen nicht abzusehen waren. Da es weder Anti- noch Asepsis gab, waren Komplikationen bei derartigen Eingriffen an der Tagesordnung. Man mußte immer mit Eiterungen, ja auch mit bakteriell bedingten Blutvergiftungen rechnen. Die »baumstarken Kerle« dürften hauptamtliche »Festhalter« gewesen sein, die den vor Schmerzen schreienden und zappelnden Patienten ruhig zu halten hatten, damit Hunter »seine Geschicklichkeit experimentieren« konnte. Wir machen uns heute kaum noch eine Vorstellung darüber, welche Schmerzen die Patienten damals erdulden mußten, wenn der Chirurg ohne jegliche örtliche oder gar allgemeine Betäubung ans Werk ging.

Wenn man den englischen Zeitungen vom Januar 1793 glauben kann, verschob Haydn seine zweite Englandreise wegen seines Polypenleidens um mehrere Monate. John Hunter begegnete er nicht mehr, als er im Februar 1794 wieder in London eintraf. Dieser war kurz zuvor gestorben. Im Alter pflegte Haydn über seinen Nasenpolypen scherzhaft zu sagen: »Ich muss den Kerl nun schon unter der Erde verfaulen lassen, auch meine Mutter litt an diesem Übel, ohne dass es ihr den Tod zugezogen hätte«.

Die zehn letzten Lebensjahre

Am 16. Dezember 1795 schrieb die »Wiener Zeitung«, Haydn habe, von England zurückgekehrt, in Wien am neuen Markt »im Hoföbstlerischen Hause im 3. Stock« Wohnung bezogen. Gemeint ist damit nur ein Absteigequartier, das sich Haydn aus Bequemlichkeit gemietet hatte, denn er wohnte seit 1792 in Gumpendorf, einem Vorort Wiens (heute VI. Bezirk). Dort hatte er sich ein Haus gekauft – das heutige Haydnmuseum – und aufstokken lassen. Er verbrachte darin seine letzten Lebensjahre.

Zunächst entfaltete er nach der Rückkehr von England eine große künstlerische Aktivität. So entstanden einige seiner großen Messen und mehrere Streichquartette, die zum schönsten gehören, was es in diesen Musikgattungen überhaupt gibt. Den Höhepunkt bildete die Komposition des Oratoriums »Die Schöpfung«, die ihn zwei Jahre in Anspruch nahm. Der Erfolg der Uraufführung im April 1798 war überwältigend. So entstand der Plan, ein zweites Oratorium zu schaffen, das den Lauf der Jahreszeiten zum Inhalte hatte. Es soll hier nicht auf die Zerwürfnisse Haydns mit dem Textdichter der »Schöpfung« und der »Jahreszeiten«, Baron van Swieten, dem Sohn des berühmten Leibarztes von Maria Theresia, eingegangen werden – Haydn fand dessen Text »unpoetisch« –, sondern auf den Bruch in Haydns Leben, der sich während der Komposition der »Jahreszeiten« vollzog. Das Niveau der Musik ist zwar auf gewohnter Höhe, aber Haydn, dem das Komponieren zeit seines Lebens leicht von der Hand gegangen war, klagte plötzlich über ungewohnte Schwierigkeiten. Wir sind darüber durch seine Briefe gut unterrichtet. So schreibt er am 12. Juni 1799 an den Verleger Christoph Gottlob Breitkopf in Leipzig: »Liebster Freund! Ich schäme mich in der that, einen Mann, welcher mich schon so oft auf die verehrungswürdigste arth ohne es verdient zu haben mit seinen zuschriften beehrte, mit meiner späten andworth beleydiget zu wissen, es ist nicht saumlosigkeit sondern die menge der geschäfte schuld daran, welche, wie älter ich werde, desto mehr sich täglich vermehren, nur bedaure ich, das ich vermög meines hochanwachsenden Alters, und bei (leyder) abnehmenden geisteskräften den wenigsten theil derselben befriedigen kan: die welt macht mir zwar täglich viele Complim. über das feuer meiner letzteren arbeithen, aber niemand will mir glauben; mit welcher mühe und anstrengung ich dasselbe hervorsuchen muss, indem mich manchen Tag die schwache gedächtnüß und Nachlassung der Nerven dermassen zu boden drückt daß ich in die traurigste Laage verfalle, und hierdurch viele Täge nachero ausser stand bin nur eine einzige Idee zu finden, bis ich endlich durch die vorsicht aufgemuntert mich wider an das Clavier setzen, und dan zu kratzen anfangen kan: genug hirvon«. Dem Lexikographen Ernst Ludwig Gerber (1746–1814) teilt er am 23. September 1799 mit: »Ungeachtet dessen werde ich mit Hülfe der Vorsicht alle Kräfte anstemmen, und nach Vollendung dessen mich wegen Schwäche meiner Nerven zu Ruhe begeben, um meine letzte Arbeit, bestehend in Singquartetten ... vollenden zu können.«

Vom Mai 1800 stammt die Mitteilung an einen unbekannten Freund: »mit den 4 Jahreszeiten hat es seine Richtigkeit; ich bearbeite eben den Sommer, und hoffe, ungeachtet ich vor kurzem sehr schwer kranck war, bis Ende künftigen Winters damit fertig zu seyn.« Über die Art der von Haydn erwähnten Erkrankung ist nichts näheres bekannt.Der Biograph Botstiber spricht von einem »rheumatischen Kopfleiden«, einer seinerzeit beliebten Allerweltsdiagnose, die keine weiteren Schlüsse zuläßt.

In seinen späteren Jahren äußerte sich Haydn in Gesprächen immer wieder über das Nachlassen seiner Kräfte während der Komposition der »Jahreszeiten«. Dem Biographen Dies erzählte er anläßlich eines Besuches im Jahre 1806, nachdem er »schülerhaft fehl auf dem Klavier griff und selbst im Verbessern immer wieder fehlgriff«: »Ach Sie hören selbst, dass es nicht mehr geht, noch vor acht Jahren war es anders, aber die »Jahreszeiten« haben mir dieses Übel zugezogen, ich hätte sie nie schreiben sollen, ich habe mich übernommen«.

Dem Schauspieler und Dichter A.W. Iffland (1754–1814) gegenüber bemerkte Haydn: »Die Jahreszeiten – ja, die Jahreszeiten! Die Jahreszeiten haben mir den Rest gegeben. Ich wollte doch« – hier suchte er nach Ausdrücken und bewegte sich lebhaft hin und her – »aber die Worte

Haydns Haus in Gumpendorf, das heutige Haydnmuseum, Hofansicht.
Photodirektion der Museen der Stadt Wien.

Joseph Haydn, Wachsmedaillon von Irrwoch um 1803.
Bildarchiv österreichische Nationalbibliothek.

sind auch gar zu wenig! Nein, sie sind wahrlich zu wenig, ganze Tage habe ich mich mit einer Stelle plagen müssen und dann – dann – das glauben Sie nicht, wie ich mich gemartert habe ..., ja, ja, es ist vorbei, wie Sie sehen und die »Jahreszeiten« sind Schuld daran«.

Haydn dirigierte die »Jahreszeiten« noch einigemale selbst. Er kam auch seiner Aufgabe als Kapellmeister von Fürst Nikolaus II. (1765–1833), jedes Jahr zum Namenstag der Fürstin Hermenegild eine große Messe zu schreiben, nach. Die Arbeit daran fiel ihm aber schwer. Am 14. Juni 1802 schreibt er an Fürst Nikolaus II.: »indessen bin ich an der neuen Mess mühesam fleissig, noch mehr aber forchtsam, ob ich noch einigen beyfall werde erhalten können«. Nach der Komposition dieser Messe, der »Harmoniemesse«, so genannt wegen des Hervortretens der Bläser, versiegt Haydns Schöpferkraft. Ein begonnenes Streichquartett bleibt ein Fragment von zwei Sätzen. Statt der fehlenden beiden restlichen Sätze fügte Haydn, auf Anraten Griesinger, die berühmt gewordene Visitenkarte mit den Worten »Hin ist alle meine Kraft, alt und schwach bin ich« bei.

So blieben auch die Pläne Haydns, ein drittes Oratorium, »Das jüngste Gericht«, zu komponieren, in den Anfängen stecken. Der Gedanke daran beschäftigte ihn immerhin noch so intensiv, daß er durch seinen Schüler Kranz bei Goethe wegen eines passenden Textes vorfühlen ließ. Er wußte, daß Goethe viel von seinen Kompositionen hielt. Aber das Leiden hatte ihn nun endgültig eingeholt. Zu den vorhandenen Symptomen der Vergeßlichkeit, der mangelnden Konzentrationsfähigkeit und der allgemeinen körperlichen Schwäche hatten sich neue hinzugesellt. Den ersten Bericht darüber liefert Dies, dem bei seinem ersten Besuch 1805 auffiel, daß Haydn »an den Beinen angeschwollen war« und »eine ins Rötlich gehende Gesichtsfarbe« aufwies. Dies beschreibt damit ausgeprägte Beinoedeme (Wasseransammlungen in den Unterschenkeln) und eine Gesichtszyanose als Ausdruck einer Herzerkrankung mit nachlassender Herzkraft. Auch Griesinger fielen die Beinoedeme auf. Er bezeichnete die Beine als »angelaufen«.

Ein anderes in die Augen springendes Symptom war Haydns Weinerlichkeit. Er, der Mann von Welt, der sein Leben lang mit Kaisern, Königen und Fürsten umgegangen und dessen köstlicher Humor allenthalben bekannt war, der alle Situationen souverän beherrschte, brach bei jedem Besucher in Tränen aus. Gegenüber Iffland kommentierte er: »Wenn mich etwas erfreuet, muss ich weinen. Das will ich nicht, ich kann es aber nicht hindern, ehedem war es anders«. Dabei soll er »von Herzen geweint« haben. Der Komponist Johann Friedrich Reichardt (1752–1814) schreibt in seinen »Vertrauten Briefen« über einen Besuch bei Haydn im Herbst 1808: »Dann fuhr er mir drei- bis viermal mit der dürren Hand über beide Backen und sagte zu den anderen »Was mich das freut, dass der Künstler auch solch ehrliches gutes Gesicht hat«. Er sah mich eine Weile gerührt an und sagte dann »noch so frisch, ach ich habe zu viel den Geist angestrengt, ich bin schon ganz Kind« und weinte bittere Tränen«. Zu Griesinger sagte Haydn: »Nie hätte ich geglaubt, daß ein Mensch so sehr zusammensinken könnte als ich es jetzt an mir fühle. Mein Gedächtnis ist dahin, ich habe an dem Klavier zuweilen noch gute Ideen, aber ich möchte weinen, daß ich nicht im Stande bin, sie nur zu wiederholen und aufzuschreiben«. Wenzel Tomaschek (1774–1850), der Organist, berichtet ähnliches von seinem Besuch im Sommer 1808, bei dem Haydn über sein dahinschwindendes Gedächtnis und darüber, daß er das Komponieren aufgeben müsse, klagte.

Aufführung der »Schöpfung« am 27. März 1808 zu Haydns 76. Geburtstag in der Aula der alten Wiener Universität. Haydn sitzt in der Mitte des Bildes in einem Lehnstuhl. Aquarellminiatur von B. Wigand (Original verschollen). Bildarchiv der Österreichischen Nationalbibliothek.

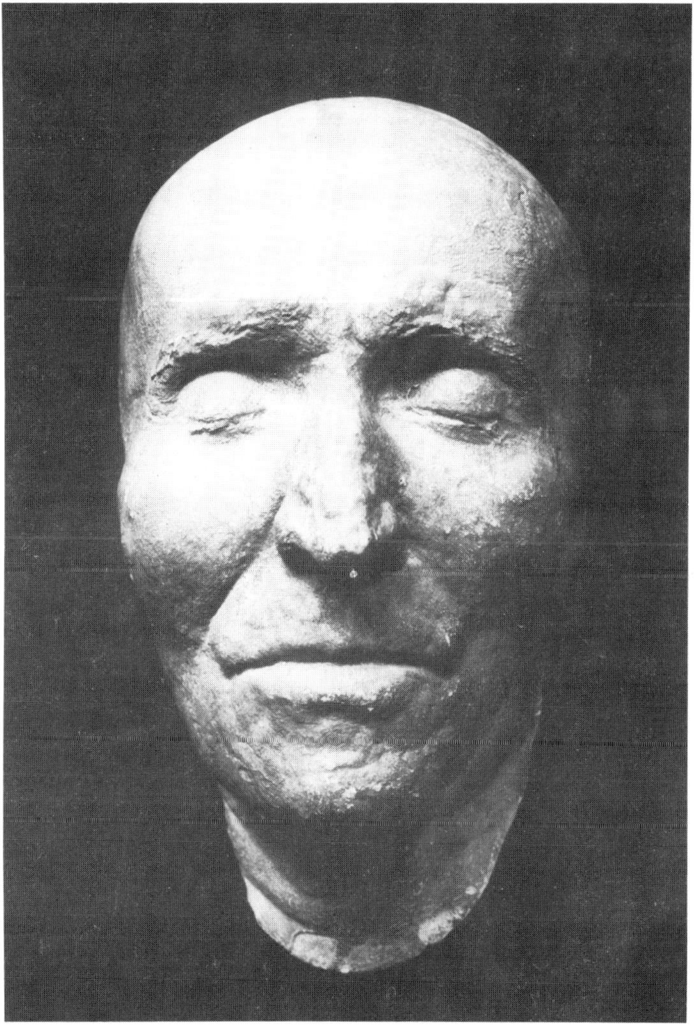

Totenmaske Haydns von A. Fernkorn.
Bildarchiv der österreichischen Nationalbibliothek.

Haydn war in seinen letzten Jahren auch nicht mehr fähig, selbst seine Briefe zu schreiben. Sie sind von Kopisten verfertigt – man merkt es an der verbesserten Rechtschreibung – und tragen nur seine oft zittrige Unterschrift. Durch Zeugen ist auch verschiedentlich belegt, daß er, wie wir es schon von Dies hörten, nicht mehr fähig war, auf dem Klavier einen Akkord richtig anzuschlagen. Da das Haydn tief deprimierte, wurde später das Klavier auf Anweisung des Hausarztes aus seinem Zimmer entfernt.

Wegen seiner ständig angeschwollenen Beine ließ sich Haydn im Jahre 1807 und 1808, jeweils am 27. April zum Tag des Heiligen Peregrinus, der als Helfer bei Beinleiden angerufen wurde, in das Servitenkloster in der Wiener Vorstadt fahren. Dort befand sich eine Kapelle mit einem eindrucksvollen Altarbild des Heiligen. An seinem rechten Unterschenkel ist ein großer geschwüriger Krater zu sehen. Heute steht die Figur im Kreuzgang des Klosters; den Altar in der Kapelle schmückt eine neue, zu der wie eh und je hilfesuchende Pilger beten, wenn ihnen die Kunst der Schulmedizin nicht mehr weiterhilft. Bei dem dargestellten großen Krater am rechten Unterschenkel des Heiligen könnte es sich um ein Ulcus cruris, ein Geschwür, wie man es bei Beinoedemen mit venösen Abflußstörungen findet, handeln. Im Volksmund spricht man in solchen Fällen gerne von »offenen Beinen«. Möglicherweise litt Haydn daran und suchte deswegen Hilfe beim Heiligen Peregrinus.

Etwa ab 1803 begann Haydn das zu werden, was man mit dem Begriff eines »Jammergreises« umreißt. Tröstlich für ihn war, daß er von allen Seiten rührend umsorgt wurde. In seinem Gumpendorfer Haus pflegte und bewachte ihn sein Diener Elßler, der Vater der gefeierten Tänzerin Fanny Elßler. Er nahm für Haydn alle Geschäfte wahr und bestimmte auch, wer wann zu Besuch kommen durfte. Zuvor putzte er dann Haydn ganz in der Mode des 18. Jahrhunderts mit Perücke und Beinkleidern heraus und plazierte ihn in seinem Sessel. Seines ehelichen Ärgernisses war Haydn seit 1800 enthoben. Maria Anna war gestorben. Das gab der Polzelli Anlaß, ihrerseits Ansprüche geltend zu machen, die aber von Haydn geschickt pariert wurden. Zur Unterhaltung Haydns trug auch sein Papagei bei, den er von England mitgebracht hatte. Er ist vielleicht mitverantwortlich dafür, daß Haydn bis zum heutigen Tag mit dem spöttisch gemeinten Attribut des »Papa« belegt wird. Nach dem Bericht des Diplomaten Silverstope, begrüßte der Papagei die Besucher mit dem Ruf »Papa Haydn«. Natürlich war vornehmlich das hohe Alter, das Haydn erreichte, verantwortlich für die Anrede mit »Papa«, was damals als ehrfürchtig und keinesfalls als abwertend galt.

Vom Esterházyschen Fürstenhaus wurde Haydn mit großer Fürsorge bedacht. Neben seiner ansehnlichen Pension erhielt er alle Arztkosten sowie die Kosten für Medikamente ersetzt. Der fürstliche Weinkeller stand ihm jederzeit offen. Da Haydn regelmäßig zum Abendessen Wein zu trinken pflegte, hatte das seine Bedeutung.

Nur wenig wissen wir über die Ärzte, die Haydn während seiner Krankheitsjahre betreuten. Zumindest ab Anfang 1808 war es Dr. Franz Edler zu Hohenholz, der fast täglich seine Visiten machte. Das geht aus einem Beleg des fürstlichen Zahlungsamts hervor, wonach Dr. Hohenholz vom 2. Januar bis Ende März 1808 für Visiten 189 Florin ausbezahlt bekam; eine ganz schöne Summe, wenn man bedenkt, daß man damals für Essen und Trinken pro Tag etwa einen Florin (entspricht etwa einem Gulden) rechnete.

In der Öffentlichkeit erschien Haydn während seiner letzten Jahre nur noch einmal, am 27. März 1808, als man die »Schöpfung«, unter der Stabführung von Antonio Salieri (1750–1825) aufführte. Im Lehnstuhl wurde Haydn in den Konzertsaal der alten Universität getragen, mußte aber am Ende des ersten Teils des Oratoriums wegen Erschöpfung die Aufführung wieder verlassen. Hermenegild Fürstin Esterházy ließ aus diesem Anlaß eine Erinnerungskassette anfertigen, auf deren Deckel ein Aquarell Haydn inmitten des Konzertpublikums und der Ausführenden zeigt. Gebrechlich sitzt er, mit einem Dreispitz auf dem Kopf, in seinem Lehnstuhl. Das Originalbild ist leider verschollen, wir kennen nur eine Kopie von 1908.

Tod und Begräbnis

Nach seiner endgültigen Manifestation, um das Jahr 1803, verlief Haydns Leiden langsam progredient. Etwa fünf Jahre verbrachte er resigniert an seinen Lehnstuhl und das Zimmer gefesselt in Gumpendorf, zu schöpferischer Arbeit war er nicht mehr fähig. So ging er daran, mit Elßler einen Katalog seiner Werke zu erstellen, der 925 Nummern umfaßt und dabei längst nicht vollständig ist. Im Joseph-Haydn-Institut in Köln hat man errechnet, daß allein die von Haydn bei seinen Kompositionen geleistete Schreibarbeit zeitlich ein Leben von siebzig Jahren, mit einem achtstündigen Arbeitstag, ausfüllt. Sein Testament verfaßte er am 7. Februar 1809, wenige Wochen vor seinem Tod. Als am 10. Mai 1809 die Napoleonische Armee in Wien einrückte, kam es zu einer plötzlichen Verschlechterung in Haydns Befinden. Der dünne Faden, an dem sein Leben hing, riß durch die mit den kriegerischen Ereignissen zusammenhängenden Aufregungen endgültig. In der Nähe von Haydns Haus gingen vier Kartätschenschüsse nieder, während man gerade damit beschäftigt war, ihn aus dem Bett zu heben. Durch den Luftdruck sprang die Schlafzimmertür auf, und auf der Gasse entstand großer Lärm. Haydn soll, wie sich Elßler erinnerte, dadurch so erschrocken gewesen sein, daß er »in vollem Laute schrie: »Kinder, fürchtet euch nicht, denn wo Haydn ist, kann Euch kein Unglück treffen«, und zitterte am ganzen Leibe heftig«. Nach diesem Ereignis konnte er sich nicht mehr ohne fremde Hilfe in der Wohnung bewegen. Als echter österreichischer Patriot ließ er sich immer wieder das »Kaiserlied« vorspielen. Andererseits hinderte ihn das nicht, kurz vor seinem Tod noch einen französischen Offizier zu empfangen, der ihm die Arie »Mit Würd' und Hoheit angetan« aus der »Schöpfung« vorsang. Haydn meinte dazu, daß er diese Arie noch nie so schön gesungen gehört habe.

Am 27. Mai wurde Haydn ganz bettlägerig, und am 29. Mai hatte sich sein Befinden so sehr verschlechtert, daß man Dr. Hohenholz bat, einen Konsiliarius heranzuziehen, ein damals in Wien üblicher Brauch bei der Behandlung von Schwerkranken. Haydn billigte noch selbst, daß man dazu einen Dr. Böhmer bestimmte. Erwartungsgemäß konnte dieser jedoch nichts mehr für Haydn tun, und am 31.Mai um 0 Uhr und 40 Minuten verstarb er. Elßler nahm ihm die Totenmaske ab. Das Original ist verschollen. Die erhaltene Totenmaske stellt eine Nachbildung des Bildhauers A. Fernkorn dar. Im Totenprotokoll der Pfarre Gumpendorf ist zu lesen, daß Haydn »an der Entkräftung« gestorben sei.

Ausdrücklich hatte sich Haydn ein Begräbnis »erster Klasse« gewünscht und testamentarisch entsprechende Anweisungen getroffen. Obwohl es formell nach Haydns Anweisungen durchgeführt wurde, blieb es durch die Umstände der eben erfolgten Besetzung Wiens in sehr bescheidenem Rahmen. Wie Joseph Carl Rosenbaum in seinem Tagebuch notierte, waren nur 15 Trauergäste, darunter kein einziger Kapellmeister, zugegen. Dabei muß man berücksichtigen, daß viele Freunde von dem Tod Haydns wegen der schlechten Möglichkeiten der Nachrichtenübermittlung nichts wußten. Am 15. Juni wurden die Trauerfeierlichkeiten in der »Schottenkirche« in großem Rahmen nachgeholt. Wiener und Franzosen, darunter eine Reihe von Generälen, hörten dabei, mehr oder weniger einträchtig, Mozarts Requiem.

Diagnose

Anhand der in der Krankengeschichte ab 1799 geschilderten Symptome läßt sich die Diagnose von Haydns Leiden heute ohne Schwierigkeiten stellen: Er litt an einer generalisierten Arteriosklerose (Gefäßverkalkung), die sich vornehmlich an den Arterien des Gehirns (Cerebralsklerose) und den Herzkranzgefäßen (Coronarsklerose) manifestiert hatte. Möglicherweise bestand als Komplikation ein Bluthochdruckleiden, was sich aber nicht belegen läßt. Das frühe Auftreten von Beinoedemen, die von Haydn geklagten Kopfschmerzen, sowie seine Schwindelerscheinungen, könnten dafür sprechen.

Die Cerebralsklerose machte sich im Jahre 1799 erstmals bemerkbar. Haydn hatte plötzlich Schwierigkeiten beim Komponieren, er mußte mit Mühe ein Thema suchen, konnte sich nicht konzentrieren und dachte sogar daran, das Komponieren ganz aufzugeben, da es ihn zu sehr anstrengte. Obwohl er bis 1803 noch einige Kompositionen schuf, denen kein Absinken des Niveaus anzumerken ist, stockte der gewaltige Strom seiner Schöpferkraft mehr und mehr, um von da an ganz auszubleiben. Was folgt, sind sechs Jahre pflegebedürftiges »Greisenleben« zwischen Lehnstuhl und Bett, ein »Zusammensinken« in einem Ausmaß, wie es sich Haydn niemals hatte vorstellen können. Die eigentliche Tragödie dabei ist, daß er die Vergreisung, das Dahindämmern und die ganze Gebrechlichkeit bis zum Ende tief empfand. Haydns Krankheitseinsicht blieb bis zu seinem Tode erhalten.

Wir sehen heute, da die Menschen im Durchschnitt ein viel höheres Alter erreichen als früher, die Cerebralsklerose häufig. Altersheime und Krankenhäuser sind überfüllt mit Kranken, die daran leiden. Die Mehrzahl davon empfindet aber ihren Zustand nicht allzu schmerzlich, da sie – wie die Ärzte das ausdrücken – keine volle Krankheitseinsicht hat. Die Denkart, daß man nach einem Leben voller Arbeit Anspruch auf Versorgung habe, das sogenannte Anspruchsdenken, sowie die mannigfaltigen Ablenkungen durch Fernsehen, Radio und viele andere Medien tragen dazu bei, die Beschwerden des Alters zu mildern. Haydn mußte sie über Jahre hindurch voll auskosten.

Hinzu kommt, daß Haydn unter erheblichen Beeinträchtigungen infolge seiner Coronarsklerose litt. Über Jahre hindurch bestanden bei ihm Beinoedeme, die Beine waren möglicherweise auch jahrelang »offen«, also geschwürig entzündet, wofür seine beiden Wallfahrten zum Altarbild des Heiligen Peregrinus sprechen. Dazu hatte er Atemnot schon bei kleinen Anstrengungen, die wahrscheinlich durch Stauungsergüsse im Pleura-(Rippenfell)-raum verschlimmert wurden.

Heute könnte man die Folgen der Herzinsuffizienz erheblich mildern. Durch die Anwendung von Digitalis-(Fingerhut)präparaten wie salz- und wassertreibenden Arzneimitteln läßt sich das Leben eines Kranken mit Herzinsuffizienz über Jahre hin erträglich gestalten. Damals bestanden dazu noch keine Möglichkeiten. Die Entdekkung von William Withering (1741–1799), daß der Extrakt des Fingerhuts gegen die Herzwassersucht wirke, lag zwar 25 Jahre zurück, die praktische Anwendung davon steckte aber noch in den Anfängen. Die sonstigen als »wassertreibend« angewendeten Mittel zeitigten ohnehin keinen echten Behandlungserfolg.

Schädelraub

Der Arzt und Forscher Franz Joseph Gall (1758–1828), aus der Nähe von Pforzheim in Baden stammend, begann im Jahre 1796 in Wien mit Privatvorlesungen über seine »Schädellehre«. Danach sollten Vorbuckelungen und Erhebungen des knöchernen Schädels mit einer besonderen Entwicklung der darunter liegenden Hirnregion und damit der geistigen und seelischen Veranlagung ihres Trägers in Beziehung stehen. Daraus entwickelte sich bald die «Kranioskopie«, das Abtasten und Befühlen des Kopfes beim Lebenden, um daraus Schlüsse auf dessen Begabung zu ziehen. Besonderes Interesse fanden aber auch die Schädel verstorbener prominenter Persönlichkeiten, da man außergewöhnliche Fähigkeiten aus der Form der einzelnen Schädelabschnitte abzuleiten suchte. Bei Musikern glaubte man den »Tonsinn« durch eine Ausbauchung des Stirnbeins hinter den Jochfortsätzen an der Schläfenlinie wahrnehmen zu können. Die Lehre Galls wurde 1815 von seinem Helfer Johann Caspar Spurzheim »Phrenologie« genannt und hielt die Menschen mehr als ein halbes Jahrhundert in Atem. Ihr kam, wie der Medizinhistoriker Ackerknecht meinte, dieselbe Bedeutung in der ersten Hälfte des 19. Jahrhunderts zu, wie der Freud'schen Lehre in der ersten Hälfte des 20. Jahrhunderts. Galls Vorlesungen erregten in Wien derartiges Aufsehen, daß der konservativ eingestellte damalige österreichische Kaiser Franz II. (1768–1835) sie schon 1801 mit dem Hinweis, daß sie »gegen die ersten Grundsätze der Religion und Moral« verstießen, verbot. Gall wanderte deswegen nach Paris aus und setzte dort seine Lehrtätigkeit – nebst einer einträglichen ärztlichen Praxis – fort. Kein anderer als der berühmte Metternich, damals noch Botschafter in Paris, gehörte zu seinen eifrigen Anhängern. Obwohl die Kraniologie ein Phantasiegebäude von Gall darstellte, das einer wissenschaftlichen Basis entbehrt, kommt ihm in der Medizingeschichte einiges Gewicht zu. Seine anatomischen Untersuchungen über den Aufbau des Gehirns waren bahnbrechend. So entdeckte er die Ursprünge mehrerer Hirnnerven und nahm die noch heute gültige Unterteilung des Gehirns in eine graue und eine weiße Substanz vor.

Man muß das vorausschicken, wenn man die makabren Ereignisse, die dem toten Haydn im Grab widerfuhren, verstehen will. Er wurde nach der Beerdigung regelrecht geköpft, um an seinem Schädel phrenologische Untersuchungen durchführen zu können. Es geschah unter Anleitung eines seiner ehemaligen Bekannten, der aus Liebhaberei Phrenologie betrieb und die Schädel interessanter Persönlichkeiten sammelte. Es war der ehemalige Hofbeamte des Fürsten Esterházy Joseph Carl Rosenbaum (1770–1829), der wegen seiner Heirat mit der Sängerin Therese Gassmann aus fürstlichem Dienst entlassen worden war und seither in Wien lebte. Rosenbaum führte über alle ihm wichtig erscheinenden Ereignisse Tagebuch. Es enthält einen ausführlichen Bericht über den Schädelraub. Nach seiner Schilderung bat er den Totengräber Jakob Demuth um die »Abnahme dieses in jeder Rücksicht so verehrungswürdigen Kopfes«. Er fuhr dann zum Hundsthurmer Friedhof und ließ sich dort von Demuth

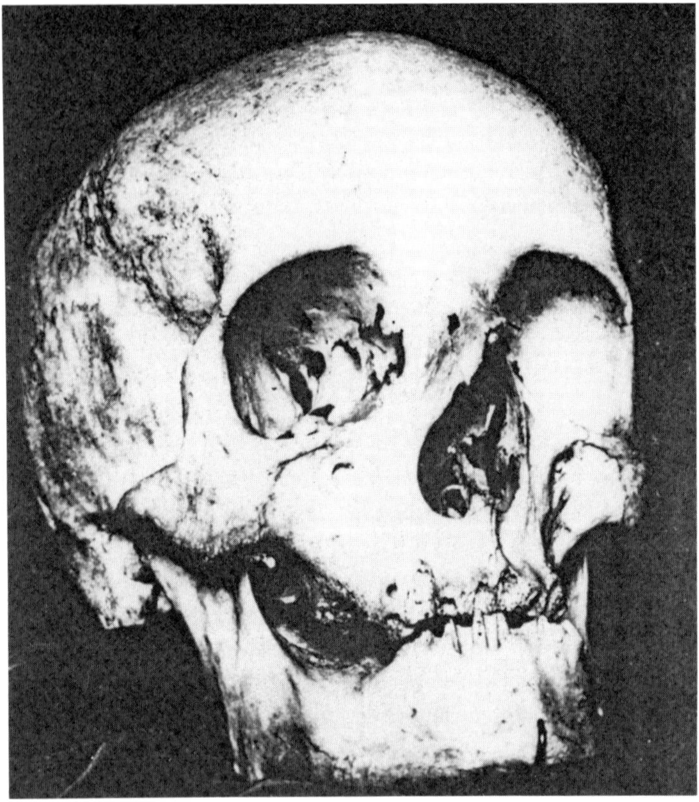

Haydns Schädel.
Foto der Gesellschaft der Musikfreunde Wien.

Franz Joseph Gall. Gezeichnet von Hanns Friedrich Schnorr von Carolsfeld (1764–1841), gestochen von Wilhelm Arndt 1801/02. Erschienen im Leipziger Industrie-Comptoir. Aus dem Bildarchiv des Instituts für Geschichte der Medizin der Universität Wien.

den ungeheuer stark nach Verwesung riechenden Kopf Haydns aushändigen. Der Gestank soll derart stark gewesen sein, daß sich Rosenbaum in seinem Wagen übergeben mußte. Anschließend brachte er den Kopf in das Allgmeine Wiener Spital, wo ihn sein Freund Johann Nepomuk Peter präparierte.

Peter schildert die Vorgänge in seinem Testament anders. Er war Verwalter des k.k.Niederösterreichischen Provinzialstrafhauses, ebenfalls Köpfesammler, der sich in der Mazeration (Abtrennung der Knochen von Weichteilen) von Schädeln auskannte. Er wollte, wie er in seinem Testament schreibt, verhüten, daß »die knöcherne Kammer von Haydns Geist von Würmern und Maden vernichtet würde« und »vermeiden, dass Halbmenschen, Afterphilosophen oder lose Buben damit Gespött treiben würden«. Zusammen mit Rosenbaum und zwei anderen Männern machte er sich deswegen acht Tage nach den Beisetzungsfeierlichkeiten auf, um Haydns Grab zu öffnen und den Kopf vom Leichnam abzutrennen, nachdem er zuvor den Totengräber mit Geld bestochen hatte. Im Anschluß daran mazerierte und bleichte er den Schädel. Dann stellte er seine »Untersuchungen« an, wobei er den »Thonsinn« gefunden zu haben glaubte.

Welche der beiden Geschichten der Wahrheit näher kommt, ist nicht zu klären. Einiges spricht dafür, daß der Bericht Peters der zuverlässigere ist. Alleine schon der bestialische Gestank des verwesenden Kopfes läßt darauf schließen, daß die Grabschändung eher acht als vier Tage nach der Beisetzung erfolgte. Ferner spricht für die größere Zuverlässigkeit Peters ein Bericht des Wiener Anatomen Julius Tandler (1869–1936) aus dem Jahre 1908, wonach das Schädeldach bei der Peterschen »Untersuchung« nicht entfernt worden war. Die ebenfalls im Tagebuch gemachte Angabe Rosenbaums, daß die Masse des Gehirns sehr groß gewesen sei (Rosenbaum war bei der »Untersuchung« zugegen), konnte demnach nicht stimmen, da er das Gehirn nicht gesehen hatte.

Nach der »Untersuchung« behielt Peter den Schädel einige Zeit und übergab ihn dann Rosenbaum, der ihn in seinem Garten in einer Art Mausoleum aufbewahrte. Dort blieb er bis 1820. In diesem Jahr weilte der Herzog von Cambridge beim Fürsten Esterházy zu Besuch und wohnte einer Aufführung der »Schöpfung« bei. Er war davon so beeindruckt, daß er anschließend zu Fürst Nikolaus sagte: »Wie glücklich war der Mann, der diesen Haydn im Leben besessen hat und noch im Besitze seiner irdischen Reste ist«. Dadurch wurde Nikolaus daran erinnert, daß zwar schon 1809 eine Überführung der Gebeine Haydns nach Eisenstadt geplant und auch bereits genehmigt, aber unterblieben war. Die turbulenten politischen Ereignisse dürften dabei mit verantwortlich gewesen sein. Es stand auch schon ein eiserner Sarg für die Überführung bereit. So hatte der Häuserinspektor von Wien 1811 beim Fürsten Esterházy nachfragen lassen, »was mit der eisernen Todtentruchen, welche für den verstorbenen Kapellmeister Joseph Haydn bestimmt und welche dermal bei der Küche nur im Wege steht, vorzukehren sei«. Offenbar erhielt er keine Antwort auf seine Anfrage, denn eine Überführung unterblieb.

Die Bemerkung des Herzogs von Cambridge traf Fürst Nikolaus bei seiner Ehre, und er bemühte sich, das Versäumte nachzuholen. Indem er sich auf das Dekret von 1809 stützte, ließ er Haydn sofort auf dem Hundsthurmer Friedhof exhumieren. Wie überrascht war man dabei, als statt Haydns Schädel nur eine Perücke im Sarg lag. Nikolaus war erbost und gekränkt, außerdem fürchtete er den Spott der Wiener. So verlangte er vom Wiener Polizeidirektor Graf Sedlnitzky die Ermittlung und Bestrafung des

Täters. Das erforderte Diplomatie seitens des Polizeidirektors, denn in Wien war man über das Fehlen des Schädels in Haydns Grab nicht so überrascht wie der Fürst. Insgeheim war bekannt, daß er entweder bei Peter oder im Garten Rosenbaums »pietätvoll« aufbewahrt wurde. Man schickte erst einmal eine Polizeiabordnung zu Peter, die den Schädel herausforderte. Peter versicherte, er habe den Schädel Rosenbaum übergeben, und so begab man sich zu dessen Haus, um dort eine Haussuchung durchzuführen. Allzuscharf scheint diese nicht gewesen zu sein, denn dem vorgewarnten Rosenbaum gelang es ohne weiteres, den Schädel verborgen zu halten. Er steckte ihn in das Bett seiner Frau, die sich darauf legte mit dem Hinweis, sie habe ihre Tage. Man kehrte also unverrichteter Dinge zurück. Fürst Nikolaus sah nun ein, daß er auf diese Weise nicht weiterkomme und versuchte, den Schädel mittels eines Geldgeschenks von Peter zu erhalten. Rosenbaum übergab daraufhin Peter einen Schädel aus seiner Sammlung, den dieser der Polizei aushändigte. Mißtrauisch geworden, ließ man den Schädel aber anatomisch untersuchen, wobei sich herausstellte, daß er keineswegs Haydn gehörte, sondern von einem weitaus jüngeren Mann stammen mußte. Die Polizei forderte daraufhin den echten Schädel Haydns, erhielt ihn aber wieder nicht. Rosenbaum suchte aus seiner Sammlung einen Greisenschädel heraus, den Peter als »echt« der Polizei aushändigte. Ob man Peter nun glaubte oder der Sache überdrüssig war, jedenfalls wurde der vermeintliche Haydnschädel am 4. Dezember 1820 in einer stillen Zeremonie den übrigen Gebeinen Haydns im Eisenstädter Grab hinzugefügt.

Als Rosenbaum starb, schenkte er auf dem Totenbett den echten Schädel Haydns Peter mit der Maßgabe, er solle ihn später dem Wiener Musikkonservatorium vermachen. Peter verwahrte den Schädel bis zu seinem Tode zehn Jahre später bei sich, und seine Witwe händigte ihn, nicht wie vorgesehen dem Musikkonservatorium aus, sondern überließ ihn dem Arzt Dr. Karl Haller, der Rosenbaum behandelt hatte. Haller erfreute sich weitere dreizehn Jahre an dem Schädel. Dann reichte er ihn an Karl von Rokitansky (1804–1878) weiter. Rokitansky hatte den Lehrstuhl für Pathologie an der Wiener Universität inne. Er gehört zu den bedeutendsten Pathologen, dem wir viele noch heute gültige Entdeckungen verdanken. Rokitansky gliederte den Schädel in sein »Pathologisch-anatomisches Museum« ein. Dort blieb er, bis ihn Hans Kundrat (1845–1893), der Nachfolger Rokitanskys, dessen Söhnen übergab, da er ihn als Privateigentum ihres Vaters ansah. Die Söhne endlich vermachten den Schädel 1895 der Gesellschaft der Musikfreunde in Wien. Dort fand er zwar für einige Jahrzehnte Ruhe, aber nicht endgültig.

Die Regierung des Burgenlandes wollte es nicht dabei belassen, daß Haydns Gebeine in ihrer Hauptstadt Eisenstadt ohne Schädel ruhten. So begann sie Verhandlungen mit der Gesellschaft der Musikfreunde, die im Jahre 1954 endlich zum Erfolg führten. Haydns Schädel konnte nach Eisenstadt überführt werden. Das geschah nicht in aller Stille wie seinerzeit bei dem vermeintlichen echten Schädel, sondern in der Art eines richtigen Volksfestes. In der offiziellen Burgenländischen Festschrift von 1959 schreibt Josef Klampfer darüber: »Nach langwierigen, wiederholt für längere Zeit unterbrochenen Verhandlungen zwischen der Gesellschaft der Musikfreunde, dem Wiener Stadtsenat und der Landesregierung des Burgenlandes, kam es schließlich am 5. Juni 1954 zur feierlichen Übergabe von Haydns Schädel an die burgenländische Landesregierung und zur Beisetzung des Schädels im Sarkophag in der Bergkirche von Eisenstadt.

Am Samstag, dem 5. Juni 1954, wurde der Schädel in der Halle des Musikvereinsgebäudes aufgestellt, mit einem goldenen Lorbeerkranz geschmückt und mit weißen und roten Pfingstrosen umgeben. Der Kardinal Erzbischof von Wien nahm die Einsegnung vor. Er rezitierte die Formeln des Requiems, und Alumnen des Erzbischöflichen Seminars fielen respondierend ein.

Nach den kirchlichen Zeremonien trugen schwarz gekleidete Männer die mit einem schwarzen Tuch bedeckte Vitrine in den Leichenwagen. Dem Kondukte folgten über hundert Autos. Der Weg führte zunächst nach Rohrau.

In Haydns Geburtsort grüßten die Kirchenglocken den Schädel. Vor der Kirche ehrte ein gemischter Chor den Meister durch Gesang. Vor dem Geburtshaus hielt der Kondukt. Aus dem Torbogen erklang Quartett-Musik Haydns. Dann ging es weiter nach Eisenstadt. Dort wurde der Kondukt beim Eingang zum Schloßhof feierlich empfangen. Nach einer Ansprache vom Balkon des Schlosses herab erklang der Chor »Du bists, dem Ruhm und Ehre gebühret!«. Dann setzte sich der Zug wieder in Bewegung. Dem Leichenwagen folgten die letzten Angehörigen der Haydn-Sippe und der Bildhauer Gustinus Ambrosi.

In der Haydn-Kirche zu Oberberg-Eisenstadt hob Ambrosi den Schädel hoch in die Runde und legte ihn dann in den Sarg zu den übrigen Relikten. Die Beisetzung im Sarkophag bei Gesang und gedämpfter Orgelmusik (Variationen Haydnscher Themen) beschlossen die Feier«.

Man fragt sich, was geschehen wäre, wenn Haydns Schädel erst in unseren Tagen nach Eisenstadt gebracht worden wäre. Sind wir wirklich um soviel nüchterner geworden, als das noch vor dreißig Jahren der Fall war, oder

Haydns Sarkophag in der Bergkirche in Eisenstadt.
Bildarchiv der österreichischen Nationalbibliothek.

hätte auch jetzt ein ähnlicher Reliquienkult stattgefunden? Jedenfalls hat Haydns Schädel ein Begräbnis erster Klasse gefunden, wie man es sich feierlicher nicht vorstellen kann. Und damit ging nach 146 Jahren Haydns Wunsch nach einem wirklichen Begräbnis erster Klasse wenigstens für seinen Schädel in Erfüllung.

Zu beantworten bleibt am Ende die Frage, ob die wirren Schicksale von Haydns Schädel und die verschiedenen »Untersuchungen« der medizinischen oder biographischen Forschung einen Nutzen gebracht haben. Immerhin haben führende Anatomen dabei ernstzunehmende Studien durchgeführt. Man kann die Frage aber ruhigen Gewissens verneinen. Wir haben lediglich Gewißheit darüber, daß nun wirklich Haydns Schädel in Eisenstadt beigesetzt ist, denn der Anatom Tandler konnte bei seinen Untersuchungen beweisen, daß eine »ausgezeichnete Übereinstimmung zwischen einem Abguß der Totenmaske und dem Schädel bestand«. Tandler meinte auch eine Ausweitung der rechten Nasenhälfte festgestellt zu haben, die er auf Haydns Polypenleiden zurückführte. Es ist dies der einzige konkrete Hinweis dafür, daß der Polyp rechts gesessen hatte. Zuvor hatte der Anatom Langer von Edenberg an der Totenmaske eine Deviation der Nasenspitze nach links und eine »Wulstung am Körper der Nase« festgestellt, die er »als Folge einer Erkrankung der Nasenschleimhaut« ansah. Was Tandler sah, könnte auch von dem Werk des Protochirurgen Brambilla hergerührt haben, denn bei dessen Operation hatte Haydn, wie er selber erzählte, ein Stück Nasenbein, nicht aber den Polypen eingebüßt.

Literatur

Botstiber, H.: Joseph Haydn. Unter Benutzung der von G.F. Pohl hinterlassenen Materialien weitergeführt von H. Botstiber, 3. Bd. Breitkopf und Härtel, Leipzig 1927.

Carpani, G.: Le Haydine, ovvero lettere su la vitta e le opere del celebre maestro Giuseppe Haydn. Milano 1812.

Dies, A.Ch.: Biographische Nachrichten von Joseph Haydn. Wien 1810.

Feder, G.: Joseph Haydn als Mensch und Musiker. In: Jahrbuch für österreichische Kulturgeschichte Bd. II (1972): Joseph Haydn und seine Zeit p.43–56.

Franken, F.H.: Joseph Haydns Leben aus medizinischer Sicht. Wien. Klin. Wschr. 88, 429 (1976).

Geiringer, K.: Joseph Haydn. Athenaion, Potsdam 1932.

Griesinger, G.A. Biographische Notizen über Joseph Haydn. Wien 1810, neu hrsg. v. F. Grasberger. Kaltschmidt, Wien 1954.

Haydn, J.: Gesammelte Briefe und Aufzeichnungen. Hrsg. v. D. Bartha, Bärenreiter, Kassel–Basel–London–New York 1965.

Huss, M.: Joseph Haydn. Edition Roetzer, Eisenstadt 1984.

Iffland, A.W.: Almanach für Theater. Berlin 1811 p. 181.

Jacob, H.E.: Haydn: Seine Kunst, seine Zeit, sein Ruhm. Wegener, Berlin 1969.

Klampfer, J.: Joseph Haydn und die Haydn-Gedenkstätten in Eisenstadt. Offizielle Burgenländische Festschrift, Wien 1959.

Landon, H.C. Robbins: Haydn. Molden, Wien–München–Zürich–New York 1981.

Langer von Edenberg, C.: Die Cranien dreier musikalischer Koryphäen. Mitt. Anthrop.Ges. Wien XVII, neue Folge VII. Bd. 1887.

Lesky, E.: Franz Joseph Gall. Hans Huber, Bern—Stuttgart–Wien 1979.

Mörner, C.G.St.: Haydniana aus Schweden um 1800. In: Haydn-Studien. Veröffentlichungen des Joseph-Haydn-Instituts, Köln. Hrsg. G. Feder. München Bd. II, Heft 1, März 1969, p. 1–33.

Pohl, C.F.: Joseph Haydn. 1. Bd., Berlin, Sauer 1875, 2. Bd., Breitkopf u. Härtel, Leipzig 1882.

Reich, W.: Joseph Haydn. Chronik seines Lebens in Selbstzeugnissen. Manesse, Zürich 1961.

Reichardt, J.Fr.: Vertraute Briefe. Amsterdam 1810, p. 161.

Schmidt, L.: Haydn. 2. Aufl. Schlesische Verlagsanstalt, Berlin 1905.

Somfai, L.: Joseph Haydn. Sein Leben in zeitgenössischen Bildern. Bärenreiter, Kassel–Basel–Paris–London 1966.

Tandler, J.: Über den Schädel Haydns. Mitt.Anthrop.Ges.Wien 39, 1 (1908).

Ludwig van Beethoven

(1770–1827)

Einleitung

Beethovens Taubheit ist jedem Musikliebhaber geläufig. Weniger bekannt ist aber, daß er mehr unter seinen ständigen Leibbeschwerden litt, die ihn von jungen Jahren an begleiteten. Man hat sich damit begnügt, sie in Zusammenhang mit seiner Leberzirrhose (Schrumpfleber), an der er mit 56 Jahren starb, zu bringen, ungeachtet dessen, daß eine Leberzirrhose nicht jahrzehntelang Beschwerden, wie wir sie bei Beethoven finden, verursacht. Nur in seinen letzten Lebensjahren sind sie damit in Zusammenhang zu bringen. Es muß daher noch eine zweite chronische Erkrankung im Bereich des Abdomens vorhanden gewesen sein, die zu den andauernden Bauchbeschwerden führte. Medizinischerseits sind darüber verschiedene Überlegungen angestellt worden. Über Vermutungen kam man aber dabei nicht hinaus. Analysiert man jedoch Beethovens Obduktionsprotokoll in Verbindung mit seiner Krankengeschichte und nimmt gleichzeitig die erst in den siebziger Jahren entwickelten diagnostischen Methoden zur retrospektiven Beurteilung zu Hilfe, läßt sich eine Erklärung, die über Spekulationen hinausgeht, finden; ein charakteristisches Beispiel dafür, wie sich Pathographie im Licht neuer medizinischer Erkenntnisse zu wandeln vermag. Auch Beethovens Leberzirrhose läßt sich unter den neuen Gesichtspunkten zwanglos in das gesamte Krankheitsbild einfügen, ja sie bildet geradezu die logische Konsequenz davon. Allerdings muß man sich bei der Auswertung von Beethovens Krankengeschichte von falscher Pietät befreien. Er war eines unserer größten Genies, aber auch Genies haben ihre menschlichen Schwächen, die nicht von Moralaposteln hinweggewischt werden können, damit ein makelloses Denkmal bestehen bleibt. Bei Beethoven waren es nicht seine Witwe oder seine Kinder, wie bei Schumann, die Denkmalspflege betrieben, sondern seine ersten Biographen Anton Schindler (1795–1864) und der Arzt Dr. Gerhard von Breuning (1813–1892). Sie beide gingen sogar soweit, die behandelnden Ärzte Beethovens zu diffamieren, sofern deren Zeugnisse von ihren Idealbildern abwichen. Dabei wurde Beethoven fast durchweg von angesehenen Ärzten behandelt, die sich die größte Mühe gaben, mit dem überaus schwierigen Patienten fertigzuwerden. Unsere Aufgabe soll es sein, Licht in die Art von Beethovens abdominellen Erkrankungen zu bringen. Sie gilt deswegen weniger seinem Gehörsleiden, das nur kürzer dargestellt wird. Hierzu sei als Ergänzung auf die Veröffentlichung des schweizer Otologen Gerhard Böhme verwiesen, der sich in seinem 1981 erschienenen Buch »Medizinische Porträts berühmter Komponisten« ausführlich und kritisch damit auseinandersetzt.

Abstammung und Jugendjahre in Bonn

Zum Verständnis der Krankengeschichte Beethovens ist ein Blick in seine Familiengeschichte erforderlich. Der Ururgroßvater war Weinhändler in Antwerpen gewesen, der Urgroßvater dort Schneider. Der Großvater siedelte nach Bonn über, wo er 1733 kurfürstlicher Kapellmeister wurde. Das war aber nicht sein einziger Beruf, denn nebenher betrieb er ein Weingeschäft. Seine Ehefrau – Beethovens Großmutter – war »dem Trunke ergeben« und endete in einem Kloster, wohin man sie zur Pflege gegeben hatte. Beethovens Vater Johann (1740–1792) schließlich war ein ausgesprochener Alkoholiker, was sein Sohn Ludwig nur allzu deutlich zu spüren bekam. Als Beethovens Mutter (1746–1787) im Alter von 41 Jahren an Lungentuberkulose starb, wurde der Vater, von Beruf Tenorist, vollends haltlos und verfiel in wenigen Jahren. Dem 17jährigen Sohn Ludwig wurde die Hälfte des väterlichen Einkommens zur Erziehung und zum Unterhalt seiner beiden Brüder abgezweigt, damit der Vater es nicht vertrank. Der Bruder Kaspar Anton Karl starb mit 41 Jahren an Tuberkulose, Nikolaus Johann wurde 72 Jahre alt. Die vier übrigen Geschwister waren schon kurz nach der Geburt oder als Kleinkinder gestorben.

Ludwig van Beethoven wurde am 16. oder 17. Dezember 1770 geboren. Er war klein und gedrungen von Gestalt mit einem kurzen Hals, die Backenknochen ausgeprägt und das Kinn ausladend. Ein 1970 von der Münchner Beethovengesellschaft veröffentlichtes Bild, auf dem der höchstens 17jährige zu sehen ist, zeigt das recht anschaulich. Was darauf nicht zum Ausdruck kommt, sind die ausgeprägten Pockennarben, die in zeitgenössischen Zeugnissen mehrfach erwähnt sind. Auch ahnt man nicht Beethovens Kurzsichtigkeit – er ließ sich nie mit Brille porträtieren –, die erheblich war. Man hat bei den im Bonner Beethovenhaus aufbewahrten Brillen die Dioptrienzahl gemessen, die zwischen −1,75 und −4,0 liegt.

Außer den Pocken läßt sich in der frühen Krankengeschichte Beethovens keine ernstere Krankheit nachweisen. Seine Jugend war wegen der mit ständigen Streitigkeiten verbundenen häuslichen Schwierigkeiten hart, und so finden wir ihn schon während der Bonner Jahre abends regelmäßig im Wirtshaus, wohin er sich, um Ruhe zu haben, flüchtete. Auf seine eminente musikalische Begabung, die der Vater sofort finanziell auszunutzen suchte, war man bald aufmerksam geworden. Während der Bonner Jahre wurden auch erste Kompositionen von ihm, darunter die bekannte »Musik zu einem Ritterballett« (1791), aufgeführt. Den Unterhalt verdiente sich Beethoven als Bratscher am Bonner Theater und später zusätzlich als 2. Hoforganist. Eine erste Reise nach Wien unternahm er im Frühjahr 1787. Auf der Rückreise nach Bonn, Anfang Juli, erreichte ihn die Nachricht, daß seine Mutter im Sterben lag. An seinen Augsburger Freund Dr. von Schaden schreibt er im Herbst 1787 darüber: »Ich muß Ihnen bekennen, daß seitdem ich von Augsburg hinweg bin, meine Freude und mit ihr meine Gesundheit begann aufzuhören ... die ganze Zeit hindurch bin ich mit der Engbrüstigkeit behaftet gewesen und ich muß gar befürchten, daß eine Schwindsucht daraus entsteht, dazu kommt noch Melancholie, welche für mich ein fast eben so großes Übel als meine Krankheit selbst ist.« Diese Zeilen stehen ganz unter dem Eindruck des Todes seiner Mutter, die kurz zuvor ihrer Tuberkulose erlegen war. Die geäußerten Beschwerden stehen noch nicht mit den später immer wieder geklagten im Einklang. Sie dürften vorwiegend psychogener Natur gewesen sein.

Erste Krankheitssymptome

Beethoven lebte bis 1792 in Bonn. Kurz vor dem Tod seines Vaters, der am 18. Dezember 1792 starb, siedelte er nach Wien über. Dort erhielt er mehr oder weniger regelmäßig Unterricht von Joseph Haydn, Georg Albrechtsberger und Johann Schenk, ging aber bald seine eigenen Wege. Die ersten bedeutenden Kompositionen, wie Klaviersonaten und die Streichtrios Op. 3 und 9, entstanden bis 1797. Vor 1801 haben wir keine Zeugnisse über Krankheitssymptome zur Hand. In diesem Jahr nehmen die zahlreichen Briefe, in denen Beethoven über seine Beschwerden klagt, ihren Anfang. Charakteristisch dafür ist ein Brief an seinen Freund Carl Amenda (1771–1836) vom 1. Juni 1801: »Wisse, daß mir der edelste Teil, mein Gehör, sehr abgenommen hat, schon damals als Du noch bei mir warst, fühlte ich davon Spuren [1799] und ich verschwiegs, nun ist es immer ärger geworden, ob es wird wieder können geheilt werden, das steht noch zu erwarten, es soll von den Umständen meines Unterleibes herrühren; was nun den betrifft, so bin ich auch fast ganz hergestellt, ob nun das Gehör besser werden wird, das hoffe ich zwar, aber schwerlich, solche Krankheiten sind die Unheilbarsten ...«

In einem anderen Brief an Franz Wegeler (1765–1848) vom 29. Juni 1801 heißt es: »Nur hat der neidische Dämon, meine schlimme Gesundheit, mir einen schlechten Stein ins Brett geworfen, nämlich: mein Gehör ist seit drei Jahren immer schwächer geworden und zu diesem Gebresten soll mein Unterleib, der schon damals, wie Du weißt, elend war, hier aber sich verschlimmert hat, indem ich beständig mit einem Durchfall behaftet war, und mit einer dadurch ausserordentlichen Schwäche, die erste Veranlassung gegeben haben. Frank wollte meinem Leib den Ton [bedeutet »Tonus« Anm.d.Verf.] wiedergeben durch stärkende Medizinen, und meinem Gehör durch Mandelöl, aber prosit! daraus ward nichts, mein Gehör ward immer schlechter und mein Unterleib blieb immer in seiner vorigen Verfassung; das dauerte bis voriges Jahr im Herbst, wo ich manchmal in Verzweiflung war. Da riet mir ein medizinischer Asinus das kalte Bad für meinen Zustand, ein Gescheiterer das gewöhnliche lauwarme Donaubad; das tat Wunder; mein Bauch ward besser, mein Gehör blieb, oder ward noch schlechter. Diesen Winter gings mir wirklich elend; da hatte ich wirklich schreckliche Koliken und ich sank wieder ganz in meinen vorigen Zustand zurück, und so bliebs bis vor ungefähr vier Wochen wo ich zu Vering ging, indem ich dachte, daß dieser Zustand zugleich auch einen Wundarzt erfordere, und ohnedem hatte ich immer Vertrauen zu ihm. Ihm gelang es nun fast gänzlich, diesen heftigen Durchfall zu hemmen; er verordnete mir das laue Donaubad, wo ich jedesmal noch ein Fläschchen stärkender Sachen hineingießen mußte, gab mir gar keine Medizin, bis vor ungefähr vier Tagen Pillen für den Magen und einen Tee fürs Ohr, und daraufhin kann ich sagen, befinde ich mich stärker und besser; nur meine Ohren, die sausen und brausen Tag und Nacht fort. Ich kann sagen, ich bringe mein Leben elend zu, seit zwei Jahren fast meide ich alle Gesellschaften, weils mir nicht möglich ist den Leuten zu sagen: Ich bin taub ... Die hohen Töne von Instrumenten, Singstimmen, wenn ich etwas zu weit weg bin, höre ich nicht; im Sprechen ist es zu verwundern, daß es Leute gibt, die es niemals merkten; da ich meistens Zerstreuung hatte, so hält man es dafür. Manchmal auch hör ich den Redenden, der leise spricht, kaum, ja die Töne wohl, aber die Worte nicht; und doch sobald jemand schreit, ist es mir unausstehlich ...«

Im November 1801 schildert Beethoven nochmals ausführlicher seine Symptome in einem Brief an Wegeler: »Vering läßt mich nun schon seit einigen Monaten immer Vesikatorien [Hautreizmittel, die zu Blasenbildungen führen, Anm.d.Verf.] auf beide Arme legen, welche aus einer gewissen Rinde, wie Du wissen wirst, bestehen. – Das ist nun eine höchst unangenehme Kur, indem ich immer ein paar Tage des freien Gebrauchs (ehe die Rinde genug gezogen hat) meiner Arme beraubt bin, ohne der Schmerzen zu gedenken; es ist nun wahr, ich kann es nicht leugnen, das Sausen und Brausen ist etwas schwächer als sonst, besonders am linken Ohre, mit welchem eigentlich meine Gehörkrankheit angefangen hat, aber mein Gehör ist gewiß um nichts noch gebessert; ich wage es nicht zu bestimmen, ob es nicht eher schwächer geworden. – Mit meinem Unterleibe gehts besser; besonders wenn ich einige Tage das lauwarme Bad brauche, befinde ich mich acht, auch zehn Tage ziemlich wohl; sehr selten einmal etwas Stärkendes für den Magen; mit den Kräutern auf den Bauch fange ich jetzt auch nach Deinem Rate an. – Von Sturzbädern will Vering nichts wissen: überhaupt aber bin ich mit ihm sehr unzufrieden; er hat gar zu wenig Sorge und Nachsicht für so eine Krankheit; komme ich nicht einmal zu ihm, und das geschieht auch mit viel Mühe, so würde ich ihn nie sehen. Was hältst Du von Schmidt? Ich wechsle zwar nicht gern, doch scheint mir, Vering ist zu sehr Praktiker, als daß er sich viel neue Ideen durchs Lesen verschaffte. – Schmidt scheint mir hierin ein ganz anderer Mensch zu sein und würde vielleicht auch nicht gar so nachlässig sein. – ...«

Die drei Briefe wurden deswegen so ausführlich zitiert, weil Beethoven darin erstmals seine später immer wiederkehrenden Klagen äußert. Im Laufe der Jahre nehmen aber die Leibbeschwerden breiteren Raum ein, während von der fortschreitenden Schwerhörigkeit viel weniger die Rede ist. Nur in dem bekannten Heiligenstädter Testament findet das Gehörleiden ausschließlich Beachtung, während die Leibbeschwerden nicht erwähnt sind.

Auch von einem ganz anderen Aspekt her verdienen die drei Briefe Interesse. Beethoven läßt sich darin über seine ersten behandelnden Ärzte aus. Damit beginnt ein ganz

Dr. Gerhard von Breuning (1813–1892).
Aus O.E. Deutsch: Franz Schubert – Sein Leben in Bildern, München 1913.

Anton Schindler (1795–1864).
Photo: Beethoven Archiv, Bonn.

Beethovens Geburtshaus in Bonn, Hofansicht.

Der junge Beethoven.
Beethoven-Gesellschaft, München 1970.

eigenes Kapitel der Beethoven-Biographie. Aus seiner Sicht erscheinen die Ärzte überwiegend in einem schlechten Licht. Selbst wenn er sie anfangs lobt, der positive Eindruck weicht bald der Skepsis und dem Mißtrauen. Beethoven war ein schwieriger, eigenwilliger und ewig unzufriedener Patient. Das lag in seinem Charakter, der Chronizität seiner Leiden und den beschränkten Behandlungsmöglichkeiten begründet. Dabei bemühten sich die besten Ärzte Wiens um ihn. Er verfuhr mit ihnen derart, daß sie sich später, als er todkrank darniederlag, weigerten ihn zu betreuen. Bei den drei in den zitierten Briefen genannten Ärzten Frank, Vering und Schmidt haben wir schon Persönlichkeiten von Rang vor uns. Der »medizinische Asinus«, der das kalte Bad verordnet hatte, ist uns dagegen nicht bekannt. Bei Frank, der Beethovens Leib »den Ton wiedergeben« wollte, handelt es sich um keinen anderen als den berühmten Johann Peter Frank (1745–1821), dessen umfassendes Werk über öffentliche Hygiene »System einer vollständigen medizinischen Polizey«, das zwischen 1779 und 1827 erschien, ein bedeutungsvolles medizinhistorisches Dokument ist. Wahrscheinlich behandelte Frank Beethoven nur bis zum Herbst 1800, dann übernahm Dr. Gerhard von Vering die Betreuung. Er gehörte ebenso wie Frank der Richtung der »Brownianer« an, deren Lehre in scharfem Gegensatz zu der der »Stollianer« stand. Der schottische Arzt John Brown (1735–1788) sah das Leben als einen durch Reize erzwungen Zustand an, während der Wiener Maximilian Stoll (1742–1788) die Lehren der alten Humoralpathologie wieder aufgenommen hatte. Die therapeutischen Konsequenzen lagen auf der Hand: Die Brownianer ersetzten die Aderlässe, Brechmittel und Purgantien der Stollianer durch »reizende Medikamente« wie Opium, Chinarinde, Kampfer und im Bedarfsfall auch Wein.

Vering (1755–1823), kaiserlicher Rat und dirigierender Feldstabsarzt, hatte die Oberleitung verschiedener Wiener Krankenhäuser inne. Er galt als hervorragender Arzt, der aber mehr der Praxis als der Wissenschaft zugewandt war. Sein Sohn Josef behandelte später Franz Schubert. Mit Vering war Beethoven bald unzufrieden und wechselte zu Johann Adam Schmidt (1759–1808) über, wahrscheinlich der einzige Arzt, über den er dauerhaft eine einigermaßen gute Meinung hatte. Er blieb ihm auch treu, bis dieser im Jahre 1808 starb. Ihm ist das Klaviertrio Op. 38 (eine Bearbeitung von Op. 20) gewidmet. Schmidt scheint mit Beethoven energisch umgegangen zu sein und warnte ihn schon vor übermäßigem Alkoholgenuß. Er war Stabsarzt und Professor der Anatomie am Josefinum in Wien. Bekannt geworden ist er durch Publikationen über Augenerkrankungen.

Wiener Jahre 1809–1820

Die Jahre von 1809–1820 sind von einem stetigen Auf und Ab in Beethovens Befinden gekennzeichnet, ohne daß sich zu den krampfartigen Bauchschmerzen und rezidivierenden Durchfällen neue Symptome einstellten. Die ständigen Klagen darüber in Briefen an den Erzherzog Rudolph, an seinen Freund Zmeskall, an Franz von Brentano, an die Gräfin Erdödy, Nanette Streicher oder Amalie Sebald legen davon ein beredtes Zeugnis ab. Beethoven war öfters bettlägerig und suchte verschiedentlich in Bädern Linderung seiner Beschwerden. So hielt er sich wochenlang zu Trink- und Badekuren in Karlsbad, Baden, Teplitz, Franzensbrunn und Mödling auf. Vorübergehende Besserungen traten zwar ein, insgesamt gesehen waren seine Leiden aber schleichend progredient. Gleich-

Johann Adam Schmidt (1759–1808).
Stich nach Kapeller. Nationalbibliothek Wien.

Johann Peter Frank (1745–1821). Lithographie von Kunike 1819.
Bildarchiv des Instituts für Geschichte der Medizin der Universität Wien.

zeitig nahm seine Schwerhörigkeit zu. Um das Jahr 1815 scheint er fast vollständig ertaubt gewesen zu sein, doch die Zeugnisse darüber widersprechen sich erheblich. Bedingt dürfte das durch das subjektive Empfinden der einzelnen Zeugen und durch Beethovens Vermögen, viele Worte vom Mund abzulesen, sein. Eine objektive Möglichkeit, den Grad der Schwerhörigkeit zu messen, gab es noch nicht. Es ist aufschlußreich, die verschiedenen Aussagen zu vergleichen. Der Cellist Dolezalek (1780–1818) berichtet, daß Beethoven in einer Probe zur »Eroica« (3. Sinfonie) schon 1804 die Blasinstrumente nicht mehr deutlich hörte. Der Hornvirtuose Johann Friedrich Nisle schreibt über einen Besuch bei Beethoven 1808: »Beethoven stand am Fenster, den Rücken gegen die Thür gekehrt. »Guten Morgen, Herr van Beethoven« keine Antwort, (etwas stärker) »Guten Morgen, Herr van Beethoven«, kein Laut, keine Bewegung ..., da kam der Bediente zurück und enträtselte, »Sie müssen lauter sprechen, Herr van Beethoven hört nicht gut«.« Der Dichter Franz Grillparzer (1791–1872) meinte, daß sich Beethoven 1808 noch unterhalten konnte. Beethovens Schüler Czerny (1791–1857) behauptete sogar, daß sein Lehrer »bis beiläufig zum Jahre 1812 vollkommen gut gehört« habe. Zu dem gleichen Urteil gelangte Ignaz Ritter von Seyfried, der Beethoven gut kannte. Louis Spohr schreibt dagegen in seinen Erinnerungen: »Es war aber eine sauere Arbeit, sich ihm verständlich zu machen, da man so laut schreien mußte, daß es im dritten Zimmer zu hören war.« Das war 1813, als er Beethoven in einem Gasthaus getroffen hatte.

1814 trat Beethoven wegen seiner zunehmenden Taubheit zum letztenmal öffentlich als Pianist auf. Der Musiker Tomaschek (1774–1850) bezeichnet ihn in diesem Jahr als »sehr taub«. Charles Neate, ein englischer Pianist, meinte dagegen, er habe noch 1815 keine Schwierigkeiten gehabt, sich Beethoven verständlich zu machen, wenn er in sein linkes Ohr gesprochen habe. Auch der Verleger Simrock bestätigt das. Er widerspricht sich aber in gewisser Weise selbst, wenn er hinzufügt, alles Persönliche und Vertrauliche habe man 1816 schriftlich mitteilen müssen. Der schwedische Dichter Atterbom (1790–1855) bezeichnet Beethoven im Jahr 1819 als »das, was man stocktaub nennt«. J.R. Schulz, ein englischer Musiker, meint sich dagegen zu erinnern, daß Beethoven einen noch 1822 verstand, wenn man laut und langsam sprach. Für diesen Eindruck dürfte Beethovens Vermögen, teilweise die Worte vom Munde abzulesen, maßgeblich gewesen sein, denn er bediente sich bei Unterhaltungen schon seit 1818 der Konversationshefte, von denen 400 existieren.

Gegen seine zunehmende Taubheit erprobte Beethoven die verschiedensten Mittel. Da die Ärzte ihm nicht zu helfen vermochten, nahm er auch Zuflucht zu »alternativen« Methoden. So suchte er in Wien einen Pater Weiss auf, der ihm Öleinspritzungen in die Ohren machte. Da sie genausowenig halfen wie andere Behandlungsarten, ließ er aber bald wieder davon ab. Eine zeitlang stopfte er sich mit Meerrettich beriebene Baumwolle in die Ohren. Seine Beachtung fand auch eine »Electrovibrationsmaschine«, die ein gewisser Dr. Meyer empfahl. Ob er freilich davon Gebrauch machte, ist nicht bekannt. Endlich suchte er die Schwerhörigkeit mit sogenannten Gehörmaschinen zu verbessern, die Johann Nepomuk Mälzel (1772–1838) in den Jahren zwischen 1812–1814 für ihn verfertigte. Sie werden heute im Beethovenhaus in Bonn aufbewahrt. Mälzel war Hofmaschinist in Wien und hat das Metronom erfunden. Seine »Gehörmaschinen« waren wenig tauglich; lediglich eines der beiden kleinen der vier noch erhaltenen soll brauchbar gewesen sein. In diesem Zusammenhang mag es interessieren, daß Beethoven acht seiner

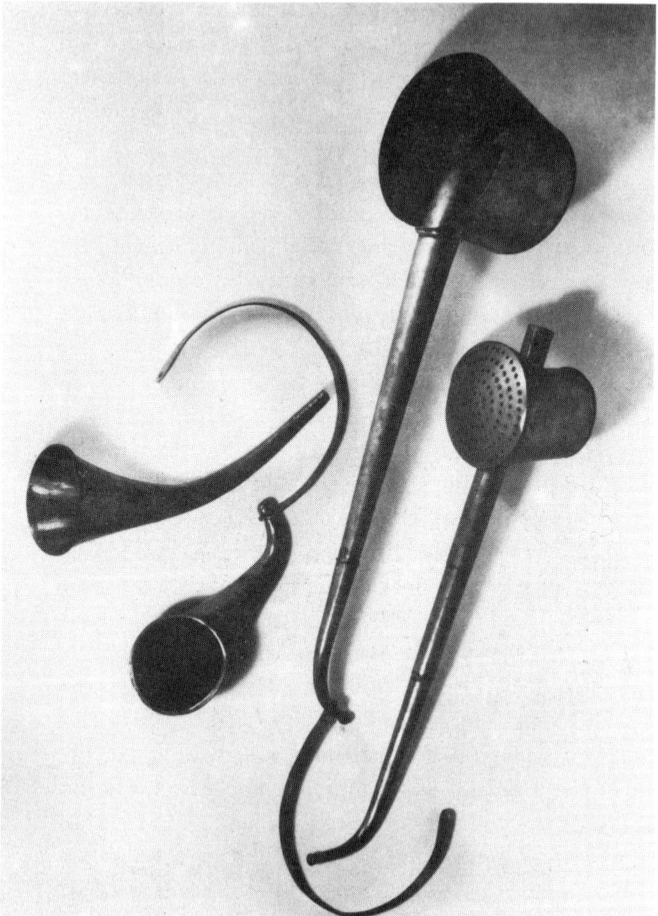

Beethovens Hörmaschinen, gefertigt von J.N. Mälzel.
Photo: Beethoven Haus, Bonn.

Johann von Malfatti (1775–1859).
Aus O.E. Deutsch: Franz Schubert – Sein Leben in Bildern, München 1913.

neun Sinfonien bis 1812 komponiert hatte, also zu einer Zeit, in der er noch über ein gewisses Hörvermögen verfügte. Nur die neunte Sinfonie hat er als vollständig Ertaubter Mitte der Zwanziger Jahre geschrieben.

Nach dem Tode Schmidts übernahm Dr. Malfatti (1775–1859) die Behandlung der Leibbeschwerden Beethovens. Malfatti, dem wir noch im Zusammenhang mit Chopin begegnen werden, war ein geschätzter und beliebter Arzt in Wien. In Italien geboren, war er seit 1810 Leibarzt der Erzherzogin Beatrix von Este und des Erzherzogs Karl. Bei ihm trafen sich viele bedeutende Persönlichkeiten und Künstler, da er als Mann von großer Bildung und künstlerischen Interessen galt. Wissenschaftlich hat er sich nicht hervorgetan. Daneben konsultierte Beethoven aber auch andere Ärzte, vor allem, wenn er sich zu Kuren in den verschiedenen Bädern aufhielt. Bekannt ist, daß ihn Staudenheim, sein späterer Arzt, schon 1812 beriet. Beethoven soll Malfattis Tochter Therese geliebt, aber keine Gegenliebe gefunden haben. Der Bruch mit Malfatti entsprang seiner dauernden Unzufriedenheit und seinem Mißtrauen gegenüber den Ärzten. Der befreundeten Gräfin Erdödy (1774–1837) schreibt er darüber: »Zuviel bin ich die Zeit herumgeworfen, zu sehr mit Sorgen überhäuft und seit dem 6. Oktober 1816 schon immer kränklich, seit 15. Oktober überfiel mich ein starker Entzündungskatarrh, wobei ich lange im Bette zubringen mußte und es mehrere Monate währte, bis ich nur spärlich ausgehen durfte; die Folgen waren bisher noch unvertilgbar, ich wechselte mit den Ärzten, da der meinige, ein pfiffiger Italiener [Malfatti], so starke Nebenabsichten auf mich hatte, und ihm sowohl Redlichkeit als Einsicht fehlte; dies geschah im April 1817, ich mußte nun den 15. April bis 4. Mai alle Tage sechs Pulver brauchen, sechs Schalen Tee, dies dauerte bis 4. Mai; von dieser Zeit an erhielt ich wieder eine Art Pulver, wovon ich wieder sechs des Tages nehmen mußte, und mich dreimal mit einer volatilen Salbe einreiben mußte. Dabei reiste ich hierher, wo ich die Bäder gebrauche. Seit gestern erhielt ich nun wieder eine Medizin, nämlich eine Tinktur, wovon ich des Tages wieder zwölf Löffel nehmen mußte. Alle Tage hoffe ich das Ende dieses betrüblichen Zustandes, obschon es sich etwas gebessert hat, so scheint es doch noch lange zu währen, bis ich gänzlich genesen werde.«

Malfatti seinerseits bezeichnete Beethoven als einen »konfusen Kerl«, der »dabei auch das größte Genie« sein könne. Vertretungsweise übernahm die Behandlung oft Malfattis Assistent Dr. Bertolini, dem Beethoven freundschaftlich zugetan war. So schrieb er ihm zahlreiche Briefe, die seine Krankheiten zum Inhalt hatten. Bertolini verbrannte sie leider alle, als er 1831 an der Cholera erkrankte und fürchtete zu sterben. Er wurde aber noch sehr alt. So war das Verbrennen der so aufschlußreichen Briefschaft – wohl aus Angst, daß damit Mißbrauch getrieben würde – voreilig, denn später hätte er sie wohl nicht mehr vernichtet.

Nach dem Zerwürfnis mit Malfatti übernahm 1815 der erwähnte Dr. Staudenheim die Behandlung. Auch er war ein angesehener Arzt und Leibarzt des Kaisers. Er war Stollianer, was besagt, daß seine therapeutischen Ansichten weit von denen Franks, Schmidts und Malfattis entfernt waren.

1821: Neue Krankheitssymptome

Das Jahr 1821 bildet in Beethovens Krankengeschichte einen Markstein. Nach den jahrelangen etwa gleichbleibenden Symtpomen taucht ein ganz neues auf: ein Ikterus (Gelbsucht). An Erzherzog Rudolph schreibt Beethoven am 18.7.1821 darüber: »schon lange sehr übel auf, entwikkelte sich endlich die Gelbsucht vollständig, mir eine höchst ekelhafte Krankheit. Ich hoffe wenigstens daß ich doch soweit hergestellt werden werde, daß ich I.K.H. noch hier vor Ihrer Abreise sehe.«. Seinem Freund Franz von Brentano teilt er am 12.11.1821 mit: »Den Sommer über ebenfalls war ich mit der Gelbsucht befallen. Das dauerte bis Ende August. Staudenheims Verordnungen zufolge mußte ich noch im September nach Baden. Da es in der dortigen Gegend bald kalt wurde, war ich von einem heftigen Durchfall befallen, daß ich die Kur nicht aushalten konnte und wieder hierher flüchten mußte. Nun geht es Gottlob besser.«

In der Gelbfärbung von Haut und Skleren findet nun erstmals Beethovens chronische Leberkrankheit, an der er sechs Jahre später sterben sollte, ihren sichtbaren Niederschlag. Gleichzeitig begann sich der körperliche Verfall zu beschleunigen. Beethoven klagt jetzt zunehmend häufiger darüber, daß er sich Wochen und Monate krank gefühlt und zu Bett gelegen habe und immer schwächer werde. Auch von Magenbeschwerden ist zunehmend die Rede. Er gibt sich keiner Illusion mehr über eine Heilbarkeit seines Leidens hin und sieht sein nahendes Ende vor sich. Seinem Bruder Johann schreibt er 1823: »Ohnehin dürfte mein Leben nicht mehr von langer Dauer sein«. Seinem Neffen Karl gibt er ebenfalls eine düstere Prognose über sich ab: »Mit Katarrh, Schnupfen, kam ich hierher, beides arg für mich, da der Grundzustand noch immer katarrhalisch ohnehin ist und ich fürchte, dieser zerschneidet bald den Lebensfaden oder noch ärger, durchnaget ihn nach und nach. Auch mein zugrunde gerichteter Unterleib muß noch durch Medizin und Diät hergestellt werden und dies hat man den treuen Dienstboten zu danken«.

Mit den Dienstboten hatten Beethoven ohnehin immer Ärger, was mehr seinem schwierigen Charakter und seiner Unduldsamkeit zuzuschreiben war als den zahlreichen Haushälterinnen und Dienstmägden, die ihm alle über kurz oder lang wieder davonliefen. Bezeichnend für seine Denkungsart ist die Stelle aus einem Brief an seinen Bruder Johann ebenfalls von 1823: » ...und hierher kam ich mit einem verdorbenen Magen und einem schrecklichen Katarrh, den ersten von dem Erzschwein der Haushälterin, den zweiten von einem Vieh als Kuchelmagd.«

Mit Staudenheim, den Beethoven in einem Brief von 1824 als »Komödiendoktor« bezeichnet, ging die Freundschaft nun auch zu Ende und er wechselte zu Dr. Braunhofer über. Er war Professor der allgemeinen Naturgeschichte an der Wiener Universität und wie seine Vorgänger, die Beethoven behandelt hatten, ein anerkannter Arzt. Er ging mit Beethoven streng um und riet ihm vor allem, wie zuvor Staudenheim, vom übermäßigen Alkoholgenuß ab. Bekannt geworden ist der von Beethoven fingierte Dialog mit ihm, dem der Kanon »Doktor sperrt das Tor dem Tod. Note hilft auch aus der Not« angefügt ist. Beethoven schildert darin charakteristische Symptome des sich ankündigenden Finalstadiums seiner Leberkrankheit, gleichzeitig äußert er den Wunsch, nicht dem Alkohol entsagen zu müssen. Außerdem spielt er auf die unterschiedlichen therapeutischen Richtungen der Brownianer und der Stollianer an. Das als Brief im Mai 1825 Braunhofer geschickte Zwiegespräch hat folgenden Wortlaut:

»Verehrter Freund!

Doktor: »Wie gehts, Patient!«

Patient: »Wir stecken in keiner guten Haut, noch immer

sehr schwach, aufstoßen usw. Ich glaube, daß endlich stärkere Medizin nötig ist, die jedoch nicht stopft, weißen Wein mit Wasser sollte ich schon trinken dürfen! denn das mephitische Bier kann mir nur zuwider sein. Mein katarrhalischer Zustand äußert sich hier folgendermaßen: nämlich ich speie ziemlich viel Blut aus, wahrscheinlich nur aus der Luftröhre; aus der Nase strömt es aber öfter, welches auch der Fall diesen Winter öfter war. Daß aber der Magen schrecklich geschwächt ist, und überhaupt meine ganze Natur, dieses leidet keinen Zweifel. Bloß durch sich selbst, soviel ich meine Natur kenne, dürften meine Kräfte schwerlich wieder ersetzt werden.«

Doktor: »Ich werde helfen, bald Brownianer, bald Stollianer sein.«

Patient: »Es würde mir lieb sein, wieder mit einigen Kräften an meinem Schreibtisch sitzen zu können. Erwägen Sie dieses!«

»Finis. P.S. sobald ich in die Stadt komme, sehe ich Sie, – nur Karl sagen, wann ich Sie treffe. Können Sie aber Karl selbst angeben, was noch geschehen soll (die letzte Medizin nahm ich nur einmal und habe sie verloren), so wäre dies erspießlich. –

Mit Hochachtung und Dankbarkeit Ihr Freund Beethoven.«

Der freundschaftliche und vertrauliche Ton entsprach jedoch nicht dem wirklichen Verhältnis zu Braunhofer. Man muß dazu nur den Brief an seinen Neffen Karl lesen, den Beethoven sechs Tage später verfaßte: »... denn die Verordnungen dieses Braunhofers sind schon mehrmals schief gewesen, und überhaupt scheint er mir sehr beschränkt und dabei doch ein Narr zu sein; von dem Spargel hat er gewußt. – Nach dem Essen vom Wirtshaus habe ich heute ziemlich Durchfall – weißer Wein ist keiner da«.

Im Juni 1825 fühlte sich Beethoven derart elend, daß er

seinem Neffen Karl schreibt: »Wirklich grenzt meine Schwäche oft an Ohnmacht«. Trotzdem nahm er nochmals einen Wohnungswechsel vor, bei Beethoven nichts ungewöhnliches (er war in Wien schon über dreißig mal umgezogen), und zog in das sogenannte Schwarzspanierhaus, in dem auch die Familie von Breuning ihre Wohnung hatte.

Letzte Monate und Tod

Über mehrere Monate trat in Beethovens Befinden ein scheinbares Gleichgewicht ein, seine Krankheit schritt jedoch unaufhaltsam fort. Man hat die ungünstigen äußeren Umstände im Herbst 1826 für die nun eintretenden Komplikationen verantwortlich machen wollen, in Wirklichkeit war aber Beethovens Schicksal erfüllt, und sie können deswegen nur als auslösendes Moment für das ohnehin bevorstehende Ende angesehen werden.

Im Juli 1826 hatte der von Beethoven betreute Neffe Karl einen Selbstmordvesuch unternommen. Zur Erholung beschloß man, gemeinsam zu Beethovens Bruder Johann auf dessen Gut in Gneixendorf bei Krems zu fahren; bei Beethovens desolatem Zustand an sich schon ein Unding. Johann holte ihn und Karl selbst am 28. September in Wien ab. Das Verhaltnis der beiden Brüder zueinander war nicht das beste und so war er in Gneixendorf an sich schon ein nicht unbedingt gern gesehener Gast. Angeblich soll dort dann das Essen schlecht zubereitet gewesen sein, wobei zu berücksichtigen ist, daß Beethoven unter Magenbeschwerden und Appetitlosigkeit litt. Er nörgelte deswegen ständig am Essen herum, aß kaum etwas und trank dafür umso mehr Wein. So trat auf, was kommen mußte, ein mächtiger Aszites (Bauchwassersucht), darüber hinaus bildeten sich starke Beinödeme aus. Bruder

Johann berichtet hierüber: »Bei schlecht zubereiteten Speisen aß er nichts als mittags einige weiche Eier, trank aber dann mehr Wein, so daß er öfter an Durchfällen litt; dabei wurde sein Bauch die letzte Zeit immer größer, dagegen er auch längere Zeit Binden trug.«

Wegen seiner elenden Verfassung drängte Beethoven Ende November nach Wien zurück und wollte nicht mehr abwarten, bis ihn sein Bruder, wie geplant, dorthin mitnahm. So benutzte er die nächstbeste sich bietende Gelegenheit, einen offenen Milchwagen. Gneixendorf lag 80 km von Wien entfernt. Man benötigte deshalb zwei Tage zur Rückfahrt und mußte in einem Dorfgasthaus übernachten. In dieser Nacht fieberte Beethoven, wurde von starkem Husten, Seitenstechen und unerträglichem Durst befallen. Am folgenden Tag kam er todkrank mit seinem Neffen in Wien an. Man schickte sofort zu Dr. Braunhofer, der aber nicht bereit war, zu kommen. Auch Staudenheim, den man daraufhin bat, lehnte es ab, Beethoven zu besuchen. Das Verhalten der beiden Ärzte läßt darauf schließen, daß sie von Beethoven erheblich gekränkt worden waren, sonst wäre es schwer zu verstehen, daß sie ihm ihre Hilfe versagten. Endlich ersuchte man Professor Wawruch darum, die Behandlung zu übernehmen. Er fand sich auch dazu bereit, was ihm von Beethoven und später von den Biographen Schindler und von Breuning schlecht gedankt wurde. Beethoven hielt nichts von ihm, während Schindler und von Breuning ihn zu diffamieren suchten. Dabei war Dr. Andreas Ignaz Wawruch (1773–1842), medizingeschichtlich betrachtet, neben Johann Peter Frank der bedeutendste Arzt, der an Beethovens Krankenbett stand. Er war seit 1819 Direktor der Medizinischen Klinik und Professor für spezielle Pathologie und Therapie innerer Krankheiten an der Wiener Universität. Er galt nicht nur als tüchtiger Arzt, sondern war auch als Wissenschaftler anerkannt. An seiner Integrität besteht kein Zweifel. Er führte sich bei Beethoven mit den in den Konversationsheften festgehaltenen Worten ein: »Ein großer Verehrer Ihres Namens wird alles mögliche anwenden, bald Erleichterungen zu verschaffen«. Wawruch war selbst ausübender Musiker und soll ausgezeichnet Cello gespielt haben.

Wawruch hat über Beethovens Behandlung Aufzeichnungen hinterlassen, die uns einen guten Einblick in den weiteren Verlauf der Erkrankung vermitteln. Sie wurden auf seine ausdrückliche Anweisung hin erst nach seinem Tode von seiner Witwe veröffentlicht. Über den ersten Besuch am 5. Dezember 1826 schreibt er: »Ich traf Beethoven mit den bedenklichen Symptomen einer Lungenentzündung behaftet an; sein Gesicht glühte, er spuckte Blut, die Respiration drohte mit Erstickungsgefahr und der schmerzliche Seitenstich gestattete nur eine quälende Rückenlage.« Dann fährt er fort: »Ein streng entzündungswidriges Heilverfahren schaffte bald die erwünschte Linderung; seine Natur siegte und befreite ihn durch eine glückliche Krise von der augenblicklichen Todesgefahr, so daß er am fünften Tage sitzend imstande war, mir sein bisher erlittenes Ungemach mit tiefer Rührung zu schildern. Am siebenten Tag fühlte er sich so erträglich, daß er aufstehen, herumgehen, lesen und schreiben konnte.

Doch am achten Tage erschrak ich nicht wenig. Beim Morgenbesuche fand ich ihn verstört, am ganzen Körper gelbsüchtig; ein schreckbarer Brechdurchfall drohte ihn die verflossene Nacht zu töten ... zitternd und bebend krümmte er sich vor Schmerzen, die in der Leber und den Gedärmen wüteten und seine bisher nur mäßig aufgedunsenen Füße waren mächtig geschwollen. Von diesem Zeitpunkt an entwickelte sich die Wassersucht; die Aussonde-

Andreas Ignaz Wawruch (1773–1842)
Lithographie von Ziegler. Nationalbibliothek Wien.

Beethoven auf dem Sterbebett.
Bleistiftzeichnung von J. Teltscher. Aus O.E. Deutsch: Franz Schubert – Sein Leben in Bildern, München 1913.

rung wurde sparsamer, die Leber bot deutliche Spuren von harten Knoten, die Gelbsucht stieg.«

Der Aszites war inzwischen derart monströs geworden, daß Wawruch Beethoven eine Punktion vorschlagen mußte, aus Angst, der Leib könne bersten. Beethoven willigte, wie Wawruch schreibt, ein ,»um so mehr, da der zur ärztlichen Berathschlagung erbetene Ritter von Staudenheim dasselbe Mittel als unerläßlich dringend empfahl«. Staudenheim hatte sich somit von Wawruch bereden lassen, ihm als Konsiliararzt zur Seite zu stehen. Den »Bauchstich«, also das Abpunktieren des Aszites, nahm aber Wawruch nicht selbst vor, sondern überließ es, den damaligen Gepflogenheiten gemäß, dem Primarchirurg des Allgemeinen Krankenhauses in Wien Dr. Seibert, der bei der Behandlung Beethovens fortan intensiver als angenommen wird, beteiligt war. Das geht aus der erhaltenen Liquidation hervor. Er führte nicht nur 4 Aszitespunktionen durch (im Dezember 1826 und im Januar und Februar 1827), sondern berechnete auch 90 Visiten. Das forderte den Widerspruch Schindlers und von Breunings heraus, die die Berechnung von 60 bis 65 Visiten als genügend ansahen. Ob sich Seifert darauf einließ, ist nicht bekannt. Nach der ersten Punktion trat eine Wundinfektion auf, die aber nach wenigen Tagen zurückging. Die drei weiteren Punktionen verliefen komplikationslos.

Beethoven, inzwischen mit Wawruch unzufrieden, erinnerte sich seines »pfiffigen Italieners« Dr. Malfatti und bat ausdrücklich darum, daß er konsiliarisch hinzugezogen würde oder wieder ganz die Behandlung übernehme. Gegenüber dem 14jährigen von Breuning, der täglich um ihn war, äußerte sich Beethoven wiederholt abfällig über Wawruch, bezeichnete ihn als einen Esel und beschwerte sich über seine Teilnahmslosigkeit und sein »geschäftsmäßiges Verfahren«. Er induzierte dadurch bei dem dafür empfänglichen jungen von Breuning heftige Aversionen gegen Wawruch. In den 1874 erschienenen »Erinnerungen aus dem Schwarzspanierhause« zieht von Breuning in geradezu beleidigender Weise über seinen ehemaligen Arztkollegen her. »Wawruchs Erscheinen« schreibt er »machte mir einen ungemein widerwärtigen Eindruck. Wenn ich nun nach beendetem Besuche desselben Beethoven diese meine Empfindung auch wieder unverhohlen aussprach, erging der sich immer kränker fühlende Meister in umso gewichtigeren drastischen Ausfällen auf ihn.« Schindler zufolge soll Beethoven geäußert haben, Wawruch ruiniere ihn mit zu vielen Medikamenten. Ihm fiel dann auch die undankbare Aufgabe zu, Malfatti zu einem Besuch bei Beethoven zu überreden. »Sagen Sie Beethoven, daß er als Meister der Harmonie wissen werde, daß ich mit meinen Kollegen auch in Harmonie leben muß«, soll Malfatti auf Schindlers Ersuchen erwidert haben. Er kam dann doch, da Wawruch offenbar nichts dagegen einzuwenden hatte. Man bat auch Braunhofer und Staudenheim hinzu, und so fand ein gemeinsames Konsil der vier Ärzte statt. Wawruch blieb aber weiterhin der behandelnde Arzt, während sich Malfatti als Konsiliarius im Hintergrund hielt. Seine therapeutischen Vorschläge wurden jedoch von Wawruch übernommen. Sie waren aber alles andere als dazu angetan, eine günstige Wirkung bei einem Leberkranken im Finalstadium auszuüben. Kurzerhand ersetzte Malfatti die von Wawruch verordneten Medikamente (die Beethoven ohnehin nicht regelmäßig einnahm) durch Punscheis, einer Lieblingsspeise Beethovens. Was ihn zu diesem unsinnigen therapeutischen Vorschlag verleitete, bleibt ungewiß. Vielleicht wollte er Beethovens letzte Tage dadurch angenehmer gestalten, da er seine Liebe zum Alkohol kannte und den Zustand ohnehin als hoffnungslos ansah. Da er ein

Anhänger der Brownschen Lehre war, galt ihm Alkohol als Reizmittel auch wohl nicht für allzu gefährlich. Jedenfalls fühlte sich Beethoven nach dem Genuß des Punscheises subjektiv wohler, da er in einen leichten Alkoholrausch verfiel. So sprach er dem Punscheis, wie Wawruch schreibt, auch immer wackerer zu und mißachtete die anderen ärztlichen Anordnungen. Nachdem sich durch den Genuß des Punscheises die ersten Anzeichen eines Leberkoma bemerkbar machten, setzte Wawruch dieses »Therapeuticum« kurzerhand wieder ab.

Ebenso unerfreulich wirkte sich eine zweite von Malfatti vorgeschlagene therapeutische Maßnahme aus. Man setzte Beethoven in ein sogenanntes Dunstbad unter der Vorstellung, damit die Wassereinlagerungen aus seinem Körper entziehen zu können. Dazu wurden zwei Schichten Heublumen über mit heißem Wasser gefüllte Krüge gelegt und Beethoven in Tücher gehüllt daraufgesetzt. Diese Prozedur schwächte den Kranken alleine schon durch den mit dem Schwitzen verbundenen Mineralverlust ganz erheblich.

Obwohl von Todesahnungen erfüllt, klammerte sich Beethoven immer noch an den Gedanken einer Besserung. Bis wenige Tage vor seinem Tod war er, von vorübergehenden Verwirrtheitszuständen abgesehen, auch geistig klar. Das geht aus verschiedenen erhaltenen Briefen von ihm hervor, in denen er sich über musikalische Probleme und geschäftliche Dinge, vor allem über seine schlechten Finanzen ausläßt. Daneben kommt er immer wieder auf sein Lieblingsthema, den Wein, zu sprechen. So bittet er den Verleger Schott, ihm eine kleine »Anzahl Bouteillen« Rheinwein zu schicken, oder er bestätigt den Erhalt von Champagner, den ihm die Ärzte erlaubt hätten. An anderer Stelle erwähnt er, daß er am besten Moselwein trinken sollte, in Ermangelung dessen aber auf

Gumpoldskirchener ausgewichen sei. Man kann davon ausgehen, daß er einen Teil der durch die verschiedenen Aszitespunktionen bedingten enormen Flüssigkeitsverluste durch Wein ersetzte. Er hatte schon bei der ersten Punktion neben den abpunktierten fast acht Litern Aszites, wie Wawruch schreibt, durch Nachsickern aus der Wunde die fünffache Menge verloren. Das Nachsickern dürfte auch bei den folgenden Punktionen, bis sich die Punktionsstellen jeweils schlossen, mehr als die abpunktierte Menge betragen haben. Bei der zweiten Punktion hatte Seibert 14 Liter Aszites abgelassen, so daß man den gesamten Flüssigkeitsverlust ohne weiteres mit dreißig Litern ansetzen kann.

Im Krankenzimmer Beethovens herrschte während seiner letzten Lebenswochen reger Betrieb. Nicht nur kamen fast täglich mindestens zwei Ärzte zur Visite, sondern auch Freunde und Bekannte stellten sich regelmäßig ein. Der junge von Breuning war täglich stundenlang um ihn, worauf er in seinem Alter besonders stolz war. Ein anschauliches Bild über das Finalstadium des Leidens bis zum Eintritt des Leberkomas verdanken wir dem Komponisten und Schriftsteller Ferdinand Hiller (1811–1885), der uns im Zusammenhang mit Mendelssohn und Schumann noch begegnen wird. Er hat, zusammen mit seinem Lehrer, dem Komponisten Johann Nepomuk Hummel (1778–1837), als junger Mann Beethoven im März 1827 dreimal besucht. Beim ersten Besuch am 8. März war er »nicht wenig erstaunt, den Meister dem Anschein nach behaglich am Fenster sitzend zu finden.« Beim zweiten Besuch am 13. März lag Beethoven zu Bett und stöhnte zuweilen tief, soll aber noch viel und lebhaft gesprochen haben. Über den Besuch am 23. März berichtet Hiller: »Matt und elend lag er da, zuweilen tief seufzend. Kein

Wort mehr entfiel seinen Lippen – der Schweiß stand ihm auf der Stirn.«

Am gleichen Tag hatte Beethoven sein Testament unterschrieben. Es geschah aber, wie von Breuning berichtet, schon in einem »Halbschlummer«, also in einem präkomatösen Zustand. Am 24. März nachmittags trat der Tod ein, während gerade ein Gewitter über Wien niederging. Wer sich zu diesem Zeitpunkt im Sterbezimmer aufhielt, ist nicht mehr genau zu klären. Es sollen Anselm Hüttenbrenner (1794–1868), der Freund Schuberts, und Beethovens Schwägerin gewesen sein. Anderen Quellen zufolge waren auch Beethovens Bruder Johann und der Maler Teltscher, der den sterbenden Beethoven gezeichnet hatte, zugegen.

Das Obduktionsprotokoll

Beethovens Leichnam blieb zunächst bis zur Obduktion am folgenden Tag im Bett liegen und anschließend bis zum Begräbnis am 29. März im Sterbezimmer aufgebahrt. Die Folge davon war, daß ihm Andenkenjäger fast sein gesamtes Kopfhaar abschnitten. Die Obduktion nahm Dr. Johann Wagner, »Assistent beym pathologischen Musäum« der Wiener Universität am 27. März vor. Wagner war der Vorgänger des berühmten Pathologen Karl von Rokitansky (1804–1878), den wir im Zusammenhang mit Haydns Schädelraub kennenlernten. Das Original des Protokolls wurde erst jetzt wiederentdeckt. Bisher war man auf Abschriften angewiesen, die aber damit identisch sind. Wegen der Wichtigkeit der Aufzeichnungen Wagners seien die das Abdomen betreffenden Teile des Protokolls zitiert:

»Obductionsbericht über den Leichnam des P.T. Herrn Ludwig van Beethoven, welcher in Gegenwart des Herrn

Med.-Doctors und Professors Wawruch in seiner Wohnung pathologisch untersucht und hierüber nachstehender Befund erhoben wurde. Der Leichnam war, insbesondere an den Gliedmassen sehr abgezehrt und mit schwarzen Petechien [kleinste Hautblutungen] übersäet, der Unterleib ungemein wassersüchtig aufgetrieben und gespannt.«

Es folgen Beschreibungen über die Beschaffenheit der Gehörorgane, aus denen sich aber keine Erklärungsmöglichkeiten über die Taubheit ableiten lassen (siehe dazu G. Böhme 1981).

Wagner fährt fort: *»In der Bauchhöhle waren vier Maß [5,6 Liter] graulich-brauner trüber Flüssigkeit verbreitet. Die Leber erschien auf die Hälfte ihres Volumens zusammengeschrumpft, lederartig fest, grünlich-blau gefärbt und an ihrer höckerichten Oberfläche, sowie an ihrer Substanz mit bohnengroßen Knoten durchwebt; deren sämtliche Gefässe waren sehr enge, verdickt und blutleer. Die Gallenblase enthielt dunkelbraune Flüssigkeit nebst häufigem griesähnlichem Bodensatze. Die Milz traf man mehr als nochmals so groß, schwarz gefärbt, derb; auf gleiche Weise erschien auch die Bauchspeicheldrüse grösser und fester; deren Ausführungsgang war von einer Gansfederspule weit. Der Magen war samt den Gedärmen sehr stark von Luft aufgetrieben. Beide Nieren waren in eine zolldicke, von trüber brauner Flüssigkeit vollgesickerten Zellschicht eingehüllt, ihr Gewebe blaßroth und aufgelokkert; jeder einzelne Nierenkelch war mit einem warzenförmigen, einer mittendurchschnittenen Erbse gleichen Kalkcongrements besetzt.«*

Beethovens Gebeine wurden später zweimal exhumiert, 1863 für eine Umbettung in einen Metallsarg und 1888 zur Überführung auf den Wiener Zentralfriedhof.

Beidemale nahm man anatomische Untersuchungen am Skelett vor. Sie ergaben aber für die Beurteilung von Beethovens Leiden keine neuen Gesichtspunkte.

Zwei Tage nach der Obduktion durch Dr. Wagner, am 29. März 1827, fand die Beisetzung auf dem Währinger Friedhof statt. 20 000 Menschen sollen beim Trauerzug zugegen gewesen sein.

Diagnosen

GEHÖRLEIDEN

Über Art und Ursache von Beethovens Gehörleiden haben sich Ärzte und Musikwissenschaftler schon immer Gedanken gemacht, ohne bis heute zu einem befriedigenden Ergebnis zu kommen. Im Obduktionsprotokoll finden sich zu wenig Anhaltspunkte, aus denen sich eine genaue Diagnose stellen ließe. So ist bis heute unklar, welche Erkrankung der seit etwa 1796 nachweisbaren kontinuierlich zunehmenden Schwerhörigkeit, die um 1815 zur fast vollständigen Ertaubung führte, zu Grunde lag. Zur Diskussion stehen vor allem zwei Diagnosen: Eine Innenohrschwerhörigkeit und eine Otosklerose (Sklerosierung der Gehörknöchelchen). Für eine Innenohrschwerhörigkeit setzten sich u.a. die Ärzte Schweisheimer (1922), Neumann (1927), Mc Gabe (1958) und Laskiewicz (1964) ein. Als Ursache davon sahen sie eine schwere Infektionskrankheit an, die Beethoven in seiner Jugend durchmachte. Zur Stützung ihrer Hypothese zogen sie die Äußerungen des Arztes und Beethovenverehrers Dr. Weißenbach (1766–1821) heran, der wissen wollte, Beethoven sei als junger Mann an einem Typhus erkrankt gewesen. Das ist aber nicht bewiesen.

Für eine Otosklerose sprachen sich Menier 1911, Bilancioni 1921 und 1926 der bekannte Beethovenforscher Frimmel aus. 1970 setzten sich für diese Diagnose die amerikanischen Otologen Stevens und Hemenway ein, und 1971 der englische Neurologe Larkin. Naiken, ein Pathologe, glaubte (1971) darüber hinaus, Beethovens Otosklerose im Zusammenhang mit einer systemischen Knochenerkrankung, dem Morbus Paget, sehen zu können. Obwohl diese Hypothese interessant ist, läßt sie sich mangels anderer charakteristischer Symptome dieser Erkrankung schwer vertreten. Auch ein venerisches Leiden wollte man als Erklärung für Beethovens Hörstörung heranziehen. Aber auch hierfür fehlen, und zwar gerade in der Gesamtschau von Beethovens Krankengeschichte, die Beweise und entsprechende Symptome, wie wir sie etwa bei Schubert oder dem im Alter ertaubten Smetana in Händen haben.

Bemerkenswert sind Überlegungen Böhmes zu Beethovens Hörstörung. Sie zeigen auch, wie schwierig es selbst für den Spezialisten ist, zu einer Urteilsfindung zu gelangen. Böhme zieht zwar eine atypisch verlaufene Otosklerose in Betracht, erwägt aber auch eine Neuritis nervi acustici (Entzündung der Hörnerven) mit Schädigung des Innenohrs und nachfolgender Degeneration der Hörnerven. Berücksichtigt man dabei, daß derartige Schädigungen durch chronischen Alkoholabusus ungünstig beeinflußt werden sollen, erscheint diese Hypothese nicht abwegig. Ausschließen lassen sich entzündliche Ohrenerkrankungen, da hierfür jegliche Symptomatik fehlt. Die Geschichte, die Charles Neate über eine traumatische Hörschädigung Beethovens erzählte, darf wohl in das Reich der Legende verwiesen werden. Vielleicht gelingt es den Beethovenforschern im Zuge neuer Erkenntnisse eines Tages, eine verbindliche Diagnose zu stellen.

Beethovens Krankheitssymptome ab 1821 bis zu seinem Tode 1827 und die von Dr. Wagner im Obduktionsprotokoll niedergelegten Befunde lassen keinen Zweifel daran, daß er an einer dekompensierten Leberzirrhose (Schrumpfleber) starb. Diese durch einen jahre- bis jahrzehntelangen Verlauf gekennzeichnete Krankheit beginnt schleichend, ohne nennenswerte Symptome. Oft sind sich die Kranken nicht über den Ernst ihres Leidens bewußt, bis ihr Leib durch Wasseransammlung in der Bauchhöhle anschwillt. Heute läßt sich, sofern die entsprechenden Untersuchungen vorgenommen werden, die Leberzirrhose im Frühstadium erkennen. Zu Beethovens Zeiten war das nicht möglich. Es mußten erst sichtbare Symptome wie eine Gelbfärbung der Haut oder Aszites auftreten, ehe man darauf aufmerksam wurde. Bei Beethoven traten diese erstmals 1821 in Erscheinung, als er wochenlang gelbsüchtig (ikterisch) war, von ihm als »höchst ekelhafte Krankheit« bezeichnet. Der Ikterus bildete sich zurück, und so glaubte man, er sei Folge einer akuten Krankheit gewesen, eine Verwechslung, die auch heute noch vorkommt. In Wirklichkeit war er Ausdruck der schon lange schwelenden chronischen Leberkrankheit, die einen »akuten Schub« erfahren hatte. Derartige »akute dystrophische« Krankheitsschübe sind gefährlich und können tödlich verlaufen.

Vier Jahre später traten dann Symptome in Erscheinung, die zeigten, daß inzwischen ein irreparabler Zustand des Leberleidens eingetreten war, Beethoven spuckte Blut. In seinem in Dialogform abgefaßten Brief an Braunhofer schreibt er zwar, daß das Blut »wahrscheinlich nur aus der Luftröhre« herrühre, macht aber gleichzeitig darauf aufmerksam, daß es auch öfter aus der

Nase ströme. Dem Ausspucken von Blut lag eine ganz andere Ursache zugrunde, die heute noch so gefürchtete Oesophagusvarizenblutung. Sie ist die Folge eines Überdrucks im Pfortaderkreislauf, der durch eine Einengung der Gefäßstrombahn in der geschrumpften Leber zustandekommt. Da die Venenwände des Oesophagus (Speiseröhre) besonders dünn sind, rupturieren sie leicht. Oft treten auch nur Sickerblutungen auf, und die Kranken erbrechen das Blut nicht im Schwall, sonder spucken immer wieder kleine Blutmengen aus. Das war bei Beethoven der Fall. Daneben litt er aber unter echtem Nasenbluten, das zu den häufigen Symptomen bei der Leberzirrhose gehört und die Folge von Blutgerinnungsstörungen ist.

Spätestens in Gneixendorf – wahrscheinlich aber schon vorher – kam es zur Dekompensation der Leberzirrhose mit einer Wasseransammlung im Leib (Aszites), als Folge der mehr und mehr eingeschränkten Leberfunktion. Man suchte der Wasseransammlung, die so erheblich war, daß Wawruch ein Bersten des Leibes befürchtete, mittels Punktionen Herr zu werden; die Flüssigkeit lief aber schnell nach. Heute kann man die Aszitesbildung medikamentös und durch Salzentzug oft viele Monate in Schranken halten. Das war damals noch nicht möglich. Mit dem sofort nachlaufenden Aszites war das Finalstadium der Krankheit erreicht. Die logische Konsequenz, der Leberzusammenbruch, das Coma hepaticum (Coma = tiefer Schlaf) trat Ende März 1827 ein. Beethoven erwachte daraus nicht mehr.

Die Befunde, die Wagner bei der Obduktion erhob, lassen sich bei einem Krankheitsverlauf, wie Beethoven ihn bot, voraussagen. »Der Leib war ungemein wassersüchtig aufgetrieben und gespannt« schreibt Wagner. Das rührte von Aszites und starken Luftansammlungen im Darm her. »Die Gliedmaßen waren mit schwarzen Petechien [kleinste Hautblutungen] übersät« fährt er fort. Ein ganz charakteristischer Befund im Endstadium der Leberzirrhose, durch die Gerinnungsstörungen des Blutes bedingt. Die »graulich-braun trübe Flüssigkeit« war der Aszites, der offenbar keine Blutbeimengungen aufwies. Die »grünlich-blaue« Färbung der Leberoberfläche, durch einen Gallestau bedingt, gehört ebenfalls zum Bild der Leberzirrhose. Vor allem aber ist Wagners Angabe, daß die Leber auf die Hälfte ihres Volumens geschrumpft und lederartig fest war, bedeutsam. Wenn er weiter davon spricht, daß ihre Substanz »mit bohnengroßen Knoten durchwebt« war, umreißt er genau das, was man nach heutiger Nomenklatur unter einer »mittelknotigen Leberzirrhose« versteht. Im Gegensatz zu der geschrumpften Leber war die Milz »mehr als doppelt so groß wie normal« und »derb«. Ebenfalls ein ganz bezeichnender Befund bei der Leberzirrhose.

Wagner beschreibt in seinem Protokoll allerdings nur Befunde und stellt nicht die Diagnose »Leberzirrhose«, weil das noch nicht möglich war. Man kannte wohl »Leberschrumpfungen«, die Andreas Vesal (1514–1564) schon beschrieben hatte, die Bezeichnung »Zirrhose« wurde jedoch erstmals von dem französischen Kliniker René Théophile Hyacinthe Laennec (1781–1826) in seinem 1819 in Paris erschienenen Werk »Traité d'auscultation« benutzt. Auch wenn Wagner das Laennec'sche Buch gekannt haben sollte, wird er die Bezeichnung »cirrhose«, die Leannec wegen der Verfärbung der Leber vorschlug (kirros = gelb), noch nicht übernommen haben. Die Zirrhose ließ sich noch nicht sicher gegen andere Krankheiten der Leber, wie Tumoren verschiedener Art, abgrenzen. Das wurde erst möglich, als man mittels der Mikroskopie genauere Einblicke in die feinstrukturellen

Gewebsveränderungen dieser Krankheit gewann. Bis dahin vergingen nach Beethovens Tod noch ein Dutzend Jahre, ehe Robert Carswell (1793–1857) und Eduard Hallmann (1812–1855) als deren mikroskopisches Hauptmerkmal eine Umwandlung des Drüsengewebes in Bindegewebe beschrieben.

CHRONISCHE ERKRANKUNG DER BAUCHSPEICHELDRÜSE

Wir erwähnten schon, daß sich die Leberzirrhose langsam und schleichend entwickelt, und viele an ihr Erkrankte Jahre bis Jahrzehnte nichts davon bemerken. Erst durch Eintritt von Komplikationen wie Aszites oder Oesophagusvarizenblutungen wird das Leiden offenbar. Daraus geht hervor, daß die von Beethoven schon in jungen Jahren geklagten ständigen Leibbeschwerden nicht von seinem späteren Leberleiden herrührten, sondern zuvor schon eine andere chronische abdominelle Erkrankung bestanden hat, die für die kolik- und krampfartigen Beschwerden, die Durchfälle, Blähungen und Magenbeschwerden verantwortlich war. Es sind darüber verschiedene Spekulationen angestellt worden. Der Münchner Arzt Horst Scherf meinte z.B. 1977, die Ursache der Beschwerden in einer »Bangschen Erkrankung« gefunden zu haben. Es handelt sich dabei um eine »Brucellose«, eine Bakterien-bedingte Krankheit, die mit Fieber, Milzvergrößerungen und Bauchbeschwerden einhergeht und chronisch verlaufen kann. Es würde zu weit führen, diese Hypothese hier zu diskutieren, aber sie läßt sich in allen Punkten widerlegen und beinhaltet zu wenig die Eigenheiten von Beethovens Krankengeschichte. Dasselbe gilt für die Hypothese des Wiener Klinikers Anton Neumeyr, der sich dafür aussprach, Beethoven habe an einem Morbus Crohn, einer chronisch entzündlichen Darmerkrankung gelitten. Auch die Diagnose eines chronischen Reizdarms wurde gestellt. Sie kommt den wirklichen Verhältnissen deswegen näher, weil ein solcher sicherlich vorlag, aber nicht als primär funktionelle Störung, sondern sekundär im Gefolge einer Baucherkrankung, die die Funktionen des gesamten Magendarmtrakts in Mitleidenschaft zog, und das war eine chronische Pankreatitis (chronische Bauchspeicheldrüsenerkrankung). Diese Vermutung äußerten schon 1962 Piroth und 1964 London, konnten sie aber nicht hinreichend belegen. Die Indizien dafür sind erdrückend, wurden aber nicht erkannt, weil die Voraussetzungen dazu fehlten. Sie wurden erst in den letzten 15 Jahren, nach dem Einzug der Endoskopie mit flexiblen Geräten in die Klinik, geschaffen. So läßt sich jetzt retrospektiv die Diagnose stellen, ein geradezu klassisches Beispiel dafür, wie sich Pathographie durch neue wissenschaftliche Erkenntnisse wandelt.

Nachdem wir selbst uns seit Anfang der siebziger Jahre der Frühdiagnostik der chronischen Pankreatitis mit den neuen endoskopischen Möglichkeiten zugewandt hatten, fiel uns ein Satz in Wagners Obduktionsprotokoll auf, der bisher unbeachtet geblieben war. Wagner schreibt: »auf gleiche Weise [wie die Milz] erschien auch die Bauchspeicheldrüse größer und fester: deren Ausführungsgang war von einer Gansfederspule weit«. Was wollte Wagner damit sagen? Zur Klärung dieser Frage setzten wir uns zunächst mit dem jetzigen Inhaber des Lehrstuhls für Pathologie der Wiener Universität Prof. Dr. J.H. Holzner in Verbindung. Von ihm erhielten wir dankenswerterweise folgende Auskunft: »Es ist sicher nicht wahrscheinlich, daß Johann Wagner tatsächlich die Weite durch das Einführen einer Gänsefederspule bestimmt hat. Trotzdem glaube ich, daß aus der Angabe der Weite des Ductus pancreaticus zu schließen ist, daß ein pathologischer Befund vorlag. Sieht man andere Obduktionsprotokolle aus dieser Zeit durch, so stellt man fest, daß Weitenangaben der Gallengänge oder des Ductus prancreaticus nur dann im Befund festgehalten wurden, wenn pathologische Veränderungen vorlagen. Daraus ist also zu schließen, daß im vorliegenden Fall eine Erweiterung des Ductus pancreaticus vorlag.«

Wir ließen daraufhin von unserem Pathologen Untersuchungen an der Leiche vornehmen, um zu sehen, wie sich das Kaliber einer Gansfederspule (es handelt sich dabei um den Gänsefederkiel) zu dem eines normalen Pankreasgangs (Ductus pancreaticus) verhält. Dabei zeigte es sich, daß die Kaliber von Gänsefederkielen durchweg zu dick sind, um die Sondierung eines normalen Pankreasgangs zu erlauben.* Erst recht gilt das für den normalen Pankreasgang beim Lebenden. Dagegen ist der Pankreasgang bei fortgeschrittener chronischer Pankreatitis derart erweitert, daß eine »Gansfederspule« ohne weiteres hineinpaßt. Ohne Eröffnung der Bauchhöhle und Aufschneiden der Bauchspeicheldrüse läßt sich das beim lebenden Kranken erst seit Anfang der siebziger Jahre diagnostizieren. In Verbindung mit einer Röntgenuntersuchung wird dazu der Dünndarm ausgespiegelt und der Pankreasgang sondiert. Zur Erläuterung der Größenverhältnisse zwischen Gänsefederkiel und Pankreasgang seien die beiden maßstabgerechten Abbildungen beigefügt, auf denen man deutlich erkennen kann, daß eine Gansfederspule nur in einen erweiterten Pankreasgang hineinpaßt.

* Herrn Prof. Dr. G. Rudolph, Direktor des pathologischen Instituts der Städt. Krankenanstalten Sulingen, danke ich für seine freundliche Unterstützung.

So hat Wagner seinerzeit ein morphologisches Hauptmerkmal der chronischen Pankreatitis beschrieben, und die Angabe, daß das Organ auch vergrößert und verhärtet war, bestätigt seine Aussage.

Die Ursache von Beethovens chronischer Leber- und Pankreaserkrankung

Wie zur Diagnose sind auch zur Beurteilung der Ursache von Beethovens chronischer Leber- und Pankreaserkrankung in den letzten Jahren gewonnene wissenschaftliche Erkenntnisse von Bedeutung. Man hat lange Zeit angenommen, daß die gemeinsame Erkrankung von Leber und Bauchspeicheldrüse bei chronischem Alkoholabusus selten sei. Erst jüngst wurde in mehreren Publikationen übereinstimmend und beweiskräftig dargelegt, daß eine Doppelerkrankung keineswegs selten ist. Etwa 30 % der an alkoholischer Leberzirrhose Erkrankten weisen auch eine chronische Erkrankung der Bauchspeicheldrüse auf. Sie verursacht weit früher Beschwerden als die erkrankte Leber.

Schon nach der bisher dargelegten Krankengeschichte ergibt sich der Verdacht, daß Beethovens jahrzehntelange Leibbeschwerden durch eine alkoholbedingte chronische Pankreatitis verursacht wurden. Als Zweiterkrankung bildete sich eine Leberzirrhose aus, die zum Tode führte. Unterzieht man Beethovens Lebensgewohnheiten einer genauen Prüfung, so wird der Verdacht zur Gewißheit. Bereits während der Bonner Jahre verbrachte er regelmäßig seine Abende im Wirtshaus, um der häuslichen Misere wenigstens für ein paar Stunden zu entfliehen. Als Junggeselle verköstigte er sich in Wien vornehmlich im Gast-

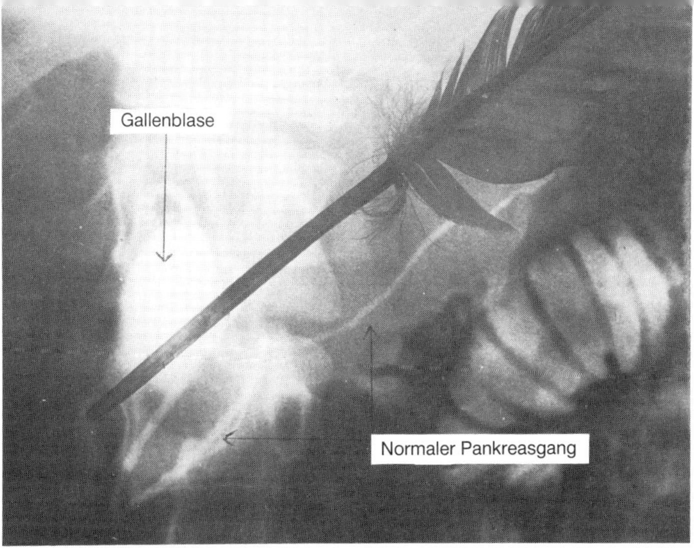

Normaler Gang der Bauchspeicheldrüse nach Kontrastmitteleinfärbung im Röntgenbild. Darüber maßstabgerecht projizierter Gänsefederkiel. Photo: U. Holtz.

Erweiterter Gang der Bauchspeicheldrüse bei chronischer Pankreatitis nach Kontrastmitteleinfärbung im Röntgenbild. Darüber maßstabgerecht projizierter Gänsefederkiel. Photo: U. Holtz.

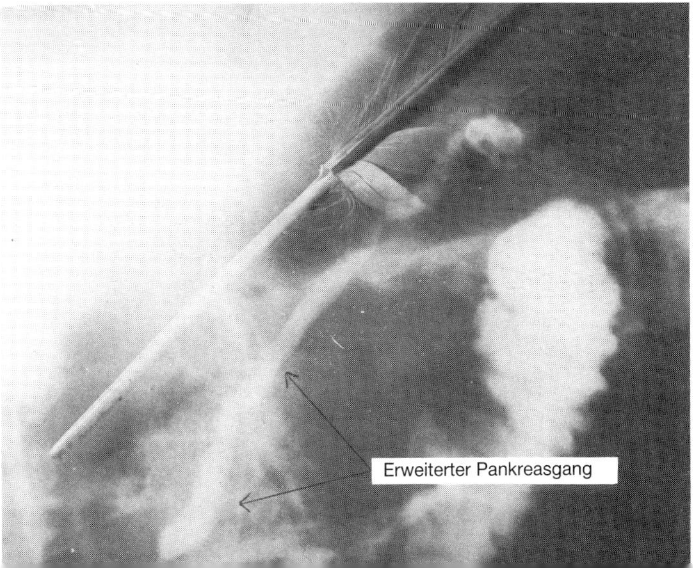

haus und trank zu den Mahlzeiten regelmäßig Bier und Wein. Nachmittags pflegte er ein Bierhaus aufzusuchen, zum Abendessen und danach genoß er wiederum Bier und Wein. Das was aber nur der normale Tagesablauf. Hatte er Gäste, so erhöhten sich die Alkoholmengen rasch. J.A. Stumpff erinnerte sich, daß er beim Essen mit Beethoven »zwei altväterliche Flaschen von rötlichem Wein und eine kleine Flasche Tokayer« getrunken habe. Das war aber nur zum Essen. Der Komponist Friedrich Kuhlau (1786–1832) schreibt über einen Besuch bei Beethoven in Baden 1825, also kurz bevor die Leberzirrhose dekompensierte: »Sie [Beethoven und seine Gäste] erholten sich bei einem heiteren Mittagsmahl im Helenenthal, bei welchem der Champagner reichlich floß, in Beethovens Wohnung tat dann der Vöslauer [einer von Beethovens Lieblingsweinen] das übrige«. Von Thomas Smart, dem englischen Musiker sowie dem 2. Geiger in Schuppanzighs Quartett Holz wissen wir, daß Beethoven bei Tisch mittags und abends viel Wein trank und zusätzlich nach dem Essen dem Wein oder Bier zusprach. Der Besuch des Nachmittags im Bierhaus wird uns sogar von Schindler, der nicht ahnte, daß Bier dieselbe Noxe für die Leber darstellt wie Wein, mitgeteilt. Sieht man die Konversationshefte durch, so findet man darin ebenfalls beredte Zeugnisse für Beethovens Liebe zu alkoholischen Getränken. Es wird über Weinbestellungen gesprochen oder abgewogen zwischen Wein und Bier und Champagnergenuß. Endlich sind auch die Gespräche mit und über die Ärzte und deren Ratschläge aufschlußreich. Mit Verblüffung liest man, daß sowohl Staudenheim als auch Braunhofer Beethoven den Alkohol keineswegs ganz verboten, sie rieten immer nur zur Mäßigung. Staudenheim plädierte für das Trinken von Bier, Braunhofer gab dem Wein, mit Wasser verdünnt, den Vorzug. Von Spirituosen rieten die Ärzte jedoch ab. Nun war Beethoven ohnehin kein folgsamer Patient und nahm die Arzneimittel mehr oder weniger nach Gutdünken. Mit dem Wein und Bier wird er es nicht anders gehandhabt haben, zumal wenn ihm der eine Arzt verbot, was der andere gestattete. Verschlimmert wurde die Situation dadurch, daß der überhöhte Alkoholgenuß in gleicher Weise wie zuvor weiterging, ja sich noch steigerte, als Bauchspeicheldrüse und Leber schon irreparabel erkrankt waren. Geradezu als Inferno kann man es bezeichnen, daß Malfatti dem sterbenskranken Beethoven noch Punscheis, also hochkonzentrierten Alkohol, servieren ließ. Das Punscheis, als seine Lieblingsspeise, hatte Beethoven übrigens – ganz nebenher – auch schon zuvor immer gegessen.

Wir gehen heute davon aus, daß je nach Konstitution schon 60–80 Gramm reinen Alkohols täglich auf Dauer genossen zu einer chronischen Pankreas- und Lebererkrankung führen können. Das betrifft aber nur etwa ein Drittel der Trinker. Andere vertragen wesentlich höhere Mengen, ohne krank zu werden, warum ist ungeklärt. Bisher noch unbekannte konstitutionelle und genetische Faktoren sind aber sicher von Bedeutung. Beethoven kann also gut zu der Gruppe des besonders gefährdeten Personenkreises gehört haben. Die heute als toxische Schwelle bezeichneten 60–80 Gramm reinen Alkohols sind schnell getrunken. Schon ein Liter Wein enthält 80 Gramm Alkohol und ein Liter Bier 32 Gramm. Bei Spirituosen schnellt der Alkoholgehalt gleich riesenhaft in die Höhe, 1/10 Liter Schnaps enthält bereits 35 Gramm reinen Alkohol.

So besteht kein Zweifel, daß sich Beethoven durch ständig überhöhten Alkoholgenuß früher zugrundegerichtet hat, als es ihm vom Schicksal sonst vorgezeichnet gewesen wäre. In Unkenntnis der Dinge hat er außerdem seine Beschwerden selbst verschlimmert. Von den therapeutischen Anordnungen der Ärzte hielt er ganz allgemein nichts, warum sollte er den Rat, mit dem Alkohol vorsichtig zu sein, anders bewertet haben? Wahrscheinlich kam er nicht auf den Gedanken, mit dem Trinken Unrecht zu tun oder sich ernstlich zu schaden. Er gehörte nicht zu der Kategorie der auffälligen und unkontrollierten Alkoholiker. Beethoven war sogenannter Wohlstandstrinker, die selten betrunken sind und heute das größere Kontingent der Leberkranken bilden. Er war deswegen auch alles andere als ein »Trunkenbold«, zu dem ihn Schindler durch die Bemerkungen Wawruchs, er habe geistige Getränke geliebt, abgestempelt glaubte.

Beethoven gehört zu den unbegreiflichen Wundern unserer Welt, vor denen wir nur staunend stehen können und vor denen jede Kritik schweigt: Aus einer über Generationen belasteten Trinkerfamilie stammend, von deren Kindern man glaubt, es könne ohnehin nichts aus ihnen werden, zählt er zu den größten Genies, die je über die Erde gingen.

Literatur

Bankl, H.: Beethovens Krankheit – Morbus Paget Pathologe 6; SG (1985).
Becker, P.: Beethoven. Schuster und Löffler, Berlin 1912.
Bilancioni, G.: La sorditá di Beethoven. G.Med.Milit. 10, 531 (1921).
Böhme, G.: Ludwig van Beethoven. In: Medizinische Porträts berühmter Komponisten. 2. Aufl. Fischer, Stuttgart–New York 1981.
Breuning, G.v.: Aus dem Schwarzspanierhause. Wien 1874. Neu hrsg. v. Olms, Hildesheim–New York 1976.
Forster, W.: Beethovens Krankheiten und ihre Beurteilung. Breitkopf & Härtel, Wiesbaden 1956.
Franken, F.H.: Die Leber und ihre Krankheiten. 200 Jahre Hepatologie. Enke, Stuttgart 1968.

Franken, F.H.: Ludwig van Beethoven. In: Krankheit und Tod großer Komponisten. Witzstrock, Baden-Baden/Köln/New York 1979.

Frimmel, Th.: Beethoven-Handbuch. 2 Bde. Breitkopf & Härtel, Leipzig 1926.

Goldschmidt, H.: Um die unsterbliche Geliebte. Ein Beethoven-Buch. Rogner und Bernhard, Lizenzausgabe des VEB Deutscher Verlag für Musik, Leipzig 1977.

Kastner, E.: Ludwig van Beethovens sämtliche Briefe. Hrsg. v. J. Kapp. Hesse u. Becker, Leipzig 1923.

Kerst, F.: Die Erinnerungen an Beethoven. Bd. 2, p. 210–215 (Prof. Wawruchs Aufzeichnungen) Stuttgart 1913.

Klapetek, J.: Beethovens letzter Arzt. Dtsch.med.Wschr. 93, 368 (1968).

Köhler, K.-H., H. Herre (Hrsg.): Ludwig van Beethovens Konversationshefte, VEB Dtsch. Verlag f. Musik, Leipzig Bd. 1–8, (1964–1978).

Larkin, E.: Beethovens Illness a Likely Diagnosis. Proc.R.Soc.Med. 14, 493 (1971).

Laskiewicz, A.: Ludwig van Beethovens Tragödie vom audiologischen Standpunkt. Laryngologie 43, 261 (1964).

Leitzmann, A.: Ludwig van Beethoven. Berichte der Zeitgenossen Bd. 2, Leipzig 1921.

Lesky, E.: Die Wiener medizinische Schule im 19. Jahrhundert. H. Böhlaus Nachf. Graz–Köln 1965.

Ley, St.: Von Beethovens Ärzten. Med.Welt 8, 747 (1934).

London, S.J.: Beethoven. Case Report of a Titan's Last Crisis. Arch. Int. Med. 113, 442 (1964).

McCabe, B.F.: Beethovens Deafness. Ann.Otol. 67, 192 (1958).

Menier, M.: La Surdité de Beethoven. Arch.de Laryngol. 31, 179 (1911).

Naiken, V.S.: Did Beethoven have Paget's Disease of Bone? Ann.Intern Med. 74, 995 (1971).

Neumann, H.: Beethovens Gehörleiden. Wien. Med.Wschr. 77, 1015 (1922).

Piroth, M.: Beethovens letzte Krankheit aufgrund der zeitgenössischen medizinischen Quellen. Beethoven-Jahrbuch 1959/60. Hrsg. v. P. Mies und J. Schmidt-Görg, Bonn 1962.

Scherf, H.: Die Krankheit Beethovens. München 1977 (im Selbstverlag).

Schindler, A.: Biographie von Ludwig van Beethoven. 3. Aufl., Münster 1860.

Schweisheimer, W.: Beethovens Leiden. München 1922.

Spohr, L.: Lebenserinnerungen. Schneider, Tutzing 1968.

Staehelin, M. Hrsg.: Das Beethoven-Bildnis des Isidor Neugaß und die Familie Lichnowsky. Verein Beethoven-Haus, Bonn 1983.

Stevens, K.M., Hemenway, W.G.: Beethovens Deafness. J.Am. Med.Ass. 213, 434 (1970).

Thayer, A.W.: Ludwig van Beethovens Lebens. Dtsch.Übers. u. Bearb. v. H. Deiters, hrsg. v. H. Riemann, Bd. I–V, Leipzig 1907 bis 1923.
Wegeler, F.G., Ries, S.: Biographische Notizen über Ludwig van Beethoven. Coblenz 1838.
Wolff, G.: Leberkranke Persönlichkeiten in der Weltgeschichte. Med. Monatsschr. 12, 190 (1958).

Vincenzo Bellini

(1801–1835)

Einleitung

Vincenzo Bellini hat die Entwicklung der dramatischen Oper im vergangenen Jahrhundert wesentlich mitgeprägt. Heute findet man seinen Namen nur noch spärlich in den Opernspielplänen, was nicht zuletzt damit zusammenhängt, daß seine Gesangspartien überaus schwierig zu bewältigen sind und die Thematik seiner Opern nicht dem Zeitgeschmack entspricht. An der Größe seiner Musik ändert das nichts. Es ist gewiß kein Zufall, daß sich gerade bei den berühmtesten Primadonnen der zweiten Hälfte unseres Jahrhunderts, wie etwa Maria Callas oder Joan Sutherland, immer wieder Bellinis Arien in ihrem Repertoire finden. Wenig bekannt ist es, daß Bellinis Leben, ähnlich wie das Mozarts, Schuberts oder Mendelssohns, auf der Höhe seiner Laufbahn – er wurde keine 35 Jahre alt – abrupt abbrach. Eine akute Erkrankung setzte seinem Leben ein Ende. Die Diagnose läßt sich heute recht genau stellen, denn der Krankheitsverlauf ist an Hand von Aufzeichnungen rekonstruierbar, und es existiert ein gewissenhaftes Obduktionsprotokoll. Man wollte seinerzeit nicht daran glauben, daß ein junger blühender Mann wie Bellini ganz plötzlich gestorben war, und so verbreitete sich schnell das Gerücht, er sei vielleicht vergiftet worden. Um dem entgegenzutreten, setzten sich die Freunde Bellinis, unter ihnen Gioacchino Rossini, für eine Obduktion durch einen erfahrenen Arzt der Pariser Med.Fakultät ein. Durch das Obduktionsergebnis ließen sich die Vergiftungsspekulationen gleich wieder aus der Welt schaffen.

Wie sehr hatten sich Zeitgeist und naturwissenschaftliche Medizin in den 44 Jahren nach Mozarts Tod gewandelt! Wäre Mozart 40 oder 50 Jahre später gestorben, gäbe es die heute noch andauernden Vergiftungslegenden über ihn wahrscheinlich nicht. Da wir aber bei ihm nicht über Vermutungen hinauskommen, bleibt seine Todeskrankheit der Tummelplatz für historisierende Ärzte, Musikwissenschaftler und Ideologen.

Lebensdaten

Bellini wurde am 3. November 1801 in Catania auf Sizilien geboren. Er war das erste von sieben Kindern des Musikers Rosario Bellini und Agata Ferlito. Früh wurden die Eltern auf sein musikalisches Talent aufmerksam und ließen ihm deswegen die bestmögliche Ausbildung zukommen. So konnte er, noch nicht achtzehn Jahre alt, mit einem Stipendium der Stadt Catania versehen, das königliche »Collegio di Musica« in Neapel besuchen. Dort gelangte seine erste Oper »Adelson e Salvini« zur Aufführung. Schon ein Jahr später, 1826, ging seine zweite Oper »Bianca e Fernando« über die Bühne. Die Begeisterung hierüber war derart groß, daß er 1827 ein Engagement an der Mailänder Scala erhielt. Dort hatte im gleichen Jahr seine Oper »Il Pirata« Premiere. Der Erfolg war überwältigend.

1828 finden wir Bellini zur Aufführung seiner inzwischen umgearbeiteten Oper »Bianca e Fernando« in Genua. Dann kehrte er wieder nach Mailand zurück. Anschließend war er viel auf Reisen, so in Burago di Morgne, wo er zur Erholung weilte; 1829 in Parma, in Turin und in Venedig. Dort blieb er bis zum März 1830. Danach lebte er einige Monate in der Nähe von Cremona, dann wieder in Mailand, später in Bergamo und am Comer See. Während dieser Zeit schrieb er seine heute noch bekannteste Oper »Norma«, deren Titelpartie die mit ihm befreundete Giuditta Pasta sang.

Anfang 1832 besuchte Bellini Sizilien und seine Heimatstadt Catania. Die Reise soll einem Triumphzug geglichen haben. Die Rückkehr erfolgte über Neapel, Rom, wo er vom Papst ausgezeichnet wurde, Florenz und Bergamo. Schon im März kam im Teatro di Fenice in Venedig die Oper »Beatrice di Tenda« zur Aufführung. Zuvor war es zu Auseinandersetzungen mit seinem Librettisten Felice Romani gekommen, da dieser das Libretto nicht rechtzeitig abgeliefert hatte. Auch anderen Spannungen war Bellini ausgesetzt. Zeit seines Lebens hatte er mehr oder weniger ernsthafte Liebesaffären, konnte sich aber nie zu einer Heirat entschließen. Damals hatte er gerade ein Verhältnis mit der verheirateten Giuditta Turina. Ihrem Ehemann waren belastende Briefe darüber in die Hände gefallen, und nur durch eine schnelle Trennung konnte ein Skandal vermieden werden. So war es günstig, daß Bellini gerade zu dieser Zeit seine geplante Londonreise antrat. Dort führte man drei Opern von ihm auf, und er konzertierte auch selbst viel. Des öfteren begleitete er Giuditta Pasta und andere Sänger und Sängerinnen am Klavier.

Von London aus begab sich Bellini nach Paris, dessen nähere Umgebung er bis zu seinem Tode nicht mehr verlassen sollte. Er suchte dort die Freundschaft Rossinis und fand sie auch. Gerne verkehrte er im Salon der italienischen Prinzessin Belgioioso, wo er seinen letzten Libretti-

Bellinis Geburtsraum in Catania.
Aus »Vincenzo Bellini« von H. Weinstock,
Alfred A. Knopf Verlag, New York 1971.

Giuditta Turina.
Pastel von Luigi Bianchi um 1828.

sten, Graf Pepoli, traf. Bellini ging im gesellschaftlichen Leben so auf, daß er monatelang nur wenig arbeitete. Endlich raffte er sich aber zur Komposition seiner letzten Oper »Il Puritani« auf. Wieder konnte er einen triumphalen Erfolg erringen, und man ernannte ihn zum Ritter der Ehrenlegion.

Bellini pendelte damals zwischen seiner Pariser Wohnung und dem in der Umgebung von Paris gelegenen Landgut des Engländers Samuel Levy in Puteaux. Dieser hatte ihm Unterschlupf gewährt, damit er in Ruhe arbeiten konnte. In Puteaux starb Bellini auch am 2. September 1835.

Persönlichkeit

Wer war dieser Bellini, dem zeit seines Lebens die Welt zu Füßen lag? Eine genaue Einschätzung ist auch heute nur schwer möglich. Zunächst wurde er idealisiert. Schon seine Erscheinung soll faszinierend gewirkt haben. Er war schlank, über 180 cm groß und hatte beeindruckende ebenmäßige Gesichtszüge. Ferdinand Hiller (1811–1885), der treffliche Beobachter seiner Zeit, meinte, daß Bellini nicht den Vorstellungen, die man von einem Sizilianer habe, entspreche, sondern man sehe in ihm eher einen Abkömmling jener Söhne des Nordens, die sich in Sizilien niedergelassen hätten.

Dieser leidenschaftliche Mann wurde von den Frauen vergöttert und wußte das. Dabei soll er aber gutmütig, großzügig und hilfsbereit gewesen sein. Stets war er auf Unabhängigkeit bedacht. Beim genaueren Studium seiner Briefe erscheint dieses Urteil jedoch zu oberflächlich; es läßt sich vielmehr daraus ersehen, daß er auch von Ehrgeiz besessen, egozentrisch und, wenn es um seine Karriere ging, besonders mißtrauisch sein konnte. Ohne Grund sah er sich »von Feinden« umgeben oder witterte Intrigen gegen sich.

Damit kommen wir zum pathographischen Abschnitt in Bellinis Biographie, denn seine Exzentrik war Ausdruck einer überhöhten Sensibilität und vegetativen Stigmatisation, ein Umstand, der die Beurteilung darüber erschwert, ob seine Todeskrankheit akut auftrat oder über Jahre schon vorgezeichnet war.

Krankengeschichte bis 1835

Als erstes sind Bellinis »Nervenkrisen« zu nennen, die sich gewöhnlich bei seinen Opernpremieren einstellten. Ausgelöst wurden sie alleine schon durch Termindruck, Proben und die üblichen mit Premieren verbundenen Aufregungen. Darüber hinaus hatte Bellini aber auch Schwierigkeiten, seine Erfolge zu verkraften, zumal er ständig in der Furcht lebte, sie, aus welchen Gründen auch immer, nicht halten zu können. So schreibt er nach der Premiere von »Il Pirata« seinem Freund Florimo am 14. Juli 1828: »Alle atmen nur Pirata, und das mein lieber Florimo, verwirrt mich sehr, denn was werde ich ohne Rubini [Hauptdarsteller der Oper; Anm.d.Verf.] machen, wenn ich auch eine göttliche Musik machen werde«. In einem anderen Brief an Florimo Anfang August 1828 heißt es: »Bete für Deinen erregten Bellini, denn wie die Zeit beginnt, sich ans Schreiben zu begeben, so verschwindet seine Ruhe, sein Frieden und sogar seine Gesundheit«. Selbst 1834 und 1835 verwirrten ihn seine Opernerfolge noch derart, daß es ihm danach, wie er betonte, unmöglich war, »eine Feder in der Hand zu halten«. Der Bellini-Biograph Francesco Pastura formulierte denn auch: »Es gibt keine Oper von Bellini, der nicht ein Nervenzusammenbruch folgte, wenn nicht geradezu eine Krankheit«.

Die beschriebene Übererregbarkeit sollte man jedoch nicht überbewerten, zumal sich Bellini von seinen »Nervenkrisen« (ein damals beliebter Ausdruck für allgemeine Erregungs- und Erschöpfungszustände) stets schnell erholte. Schon bald saß er wieder mit Ausdauer an neuen Kompositionen und reiste von Theater zu Theater, um seine Opern aufzuführen.

Mehr Aufmerksamkeit in Bellinis Krankengeschichte verdient seine Anfälligkeit für Erkältungskrankheiten im Winter und eine länger andauernde akute Krankheit im Frühjahr und Sommer 1830. Von Husten und Erkältung berichtet Bellini im Januar 1828, dann im Winter 1829/30, wo ihn ein Husten wochenlang plagte und beunruhigte. So schreibt er am 26. Januar 1830 an Giuditta Turina: »Ich sage das, weil ich mir bei diesen schrecklichen Frösten eine Erkältung der Brust geholt habe, die mich nicht verlassen will; aber Gott sei Dank schmerzt die Brust nicht; aber der Husten beunruhigt mich; ich nehme nüchtern Getränke und reinen Honig: genug, wenn es vergeht, vergeht es, und wenn es nicht vergeht, werde ich vergehen«. Auch während seiner Londonreise 1833 litt er anfangs unter Husten, und im Winter 1833/34 trat in Paris wiederum eine Erkältungskrankheit »mit Fieber« auf, die ihn eine Woche ans Bett fesselte.

Die Erkrankung im Frühjahr 1830, die bald nach der »Erkältung der Brust« auftrat, muß ernst gewesen sein und könnte mit der späteren Todeskrankheit in ursächlichem Zusammenhang stehen, was noch zu untersuchen sein wird. Am 11. März 1830 hatte Bellini in Venedig seine Oper »I Capuleti e i Montecchi«, die er in knapp einem Monat komponiert hatte, zur Uraufführung gebracht. Schon kurz danach machte sich die Krankheit bemerkbar. Seinem Onkel Vinzenzo Ferlito schildert er sie in einem Brief vom Juni 1830 folgendermaßen: »Der

Hauptgrund war, daß ich in Venedig die Capuleti in 26 Tagen geschrieben habe, wo ich mich 10 Stunden hintereinander am Morgen und weitere vier am Abend befleißigte. Dort stank mir manchmal der Atem wegen der schlechten Verdauungen: Die grauenhafte Jahreszeit hat sich geeint nur, um mich leiden zu lassen: Im April kehrte ich nach Mailand zurück und blieb ohne Appetit, bis mir am 21. Mai ein schreckliches entzündliches Magen-Gallenfieber ausbrach, so daß es nötig war, mich zur Ader zu lassen und mir dann das Emeticum (Brechmittel) zu geben. Am dritten Tag wollte Pollini [der 40 Jahre ältere Pollini und seine Frau waren Bellini jahrelang freundschaftlich verbunden; Anm. des Verf.] mich im Beisein des Arztes in sein Haus transportieren lassen, weil meine Wohnung aus engen und niedrigen Zimmern bestand, was gefährlich war für den Charakter der Krankheit, die in bösartige Gastritis [das im Brief unleserliche Wort wurde von Pastura so ergänzt] ausarten konnte ...«

Zur Erholung reiste Bellini an den Comer See und schrieb von dort an seinen Bruder Carmelo: »Die Schwäche erlaubt mir kaum, das Notwendige zu tun ... Jetzt, Gott sei Dank, bin ich eben dabei, meine Kräfte wiederzugewinnen ...« Erst Anfang August konnte er Giuditta Turina mitteilen: »Mit meiner Gesundheit steht es gut ...« Aber auch das entsprach wohl noch nicht der Wirklichkeit, denn Mitte August berichtet er Giuditta, daß er Selterswasser trinke und hoffe, daß ihm das guttun würde, denn »ich war ohne Appetit, den ich wiederzugewinnen hoffe«.

Was wissen wir nun über die in der Sekundärliteratur immer wieder angeführten Leibbeschwerden, an denen Bellini gelitten haben soll? Bis 1830 ist nicht mehr als das eben Beschriebene bekannt. Als 1831 die Cholera in Europa grassierte, schrieb Bellini einmal von einem »zerstreuten Kopf« aus Angst vor dieser »verdammten Cholera«, ohne daß er selbst krank gewesen wäre. Darüber hinaus ließen sich keine Dokumente über Krankheiten der Verdauungsorgane bis zum Frühsommer 1834 finden. Am 14. Juni 1834 schreibt Bellini an Florimo: »... Meine Gesundheit ist von einer Magenkrankheit angegriffen worden, glaube ich, aber jetzt geht es gut ...« Das ist alles. In der Sekundärliteratur sieht es anders aus. So vermerkt der Arzt Dr. de Sabata in seinem medizinischen Gutachten in der Bellini-Monographie von H. Weinstock von 1971, in der heißen Jahreszeit habe Bellini während mehrerer Jahre an Diarrhoe-Attacken gelitten. Mariotti meinte, Bellini habe sich seit 1828 öfters über seinen nicht funktionierenden Verdauungsapparat beklagt. Barblan spricht sogar davon, daß Bellini seit 1830 während der sommerlichen Wärme an Dysenterie gelitten habe. Vergleicht man diese Äußerungen mit den vorhandenen Quellen, so muß man sie als Vermutungen einstufen, denn erwiesen sind nur die Erkrankungen von 1830 und 1834.

Akute Erkrankung und Tod

Über Bellinis letzte Tage liegen zwar nur wenige, dafür aber zuverlässige Dokumente vor. Sie stammen aus der Hand seines behandelnden Arztes Dr. Montallegri, von Baron D'Aquino und von ihm selbst. An seinen Freund Florimo schreibt Bellini am 2. September 1835 von Puteaux aus: »Ich bin drei Tage leicht von einer Diarrhoe gestört worden, jetzt geht es mir besser und ich glaube, daß sie zuende ist, aber mir bleibt ein leichter Kopfschmerz.« Demnach dürften sich die akuten Symptome am 31. August eingestellt haben. Zu diesem Zeitpunkt war Bellini noch nicht bettlägerig. Er nahm seine Krankheit auch nicht sehr ernst. Aber schon wenige Tage später hatte sich das Symptomenbild entscheidend verändert. Am 8. oder 9. September mußte Bellini ein Diner bei Madame Jaubert, zu dem er gemeinsam mit der Prinzessin Belgioioso geladen war, absagen. Die beunruhigte Prinzessin schickte daraufhin einen Arzt zu ihm, der die Behandlung um den 11. September übernahm. Er war der aus Faenza stammende Doktor Luigi Montallegri. Er hatte in der italienischen Armee Napoleons gedient und als liberaler Patriot an dem Aufstand der Romagna teilgenommen. Deswegen inhaftiert, verließ er nach der Haftentlassung Italien und begab sich ins Exil nach Paris. Er war etwa 40 Jahre alt, als er Bellini behandelte.

Montallegri hat fünf Billette über Bellinis letzte Krankheit verfaßt. Sie sind an den Direktor des »Théatre Italien« in Paris gerichtet und vermitteln uns ein anschauliches Bild über den Krankheitsverlauf und dessen Einschätzung durch Montallegri. Das erste Billett schrieb Montallegri am 20. September. Er gibt darin Auskunft über den Verlauf von Bellinis Krankheit während der vorangegangenen fünf Tage. Als er das Billett abfaßte, hielt er Bellinis Zustand für »alarmierend«. Eine spürbare Besserung sei nicht vorhanden, und Bellini habe in der Nacht noch sechs Entleerungen mit Schleim und Blut gehabt. Montallegri erhoffte sich vom Auflegen von Zugpflastern eine Besserung, »eine heilsame Krise«, wie er sich ausdrückte.

Im zweiten Billett vom 21. September heißt es: »Die Zugpflaster haben begonnen, eine Schweisskrise zu bewirken. In der vergangenen Nacht ist unser Bellini weniger unruhig und erregt gewesen. Die etwas weniger häufigen Entleerungen haben ihm eine ausreichende Ruhe erlaubt«. Im nächsten Billett vom 22. September äußert sich Montallegri ausgesprochen optimistisch: »Die heilsame Krise Bellinis dauert fort«, schreibt er, ferner daß »die Exkremente ungeheuer abgenommen und sich deren Beschaffenheit geändert« habe. »Ich hoffe ihn morgen für ausser Gefahr zu erklären« schließt er. Noch am gleichen Tag muß er aber in einem weiteren Billett mitteilen, daß das Ende »des unglücklichen Bellini« bevorstehe. Zu diesem Zeitpunkt war Bellini schon nicht mehr voll bei Bewußtsein.

Der Baron Augusto Aymé d'Aquino, Attaché der Botschaft des Königreichs beider Sizilien, der mit Bellini befreundet war, hat Tagebuchaufzeichnungen über seine Besuche in Puteaux während Bellinis Krankheit hinterlassen. Über einen Besuch am 11. September vermerkt er: »Das Gerücht geht um, dass Bellini krank zu Puteaux liegt (wo ich ihn in diesen Tagen gesehen habe). Ich finde ihn im Bett. Er sagt mir, er habe eine leichte Dysenterie und, dass er bald nach Paris zurückkehren werde. In diesem Augenblick erscheint Mme Lewis [die Schreibweise ist unterschiedlich, z.B. auch Levys, Lewys oder Levy; Anm. des Verf.], die ich unter dem Namen M.lle Olivier kenne. Sie schilt den Kranken mit Bitterkeit, indem sie sagt, daß er absolute Ruhe brauche. Da der Vorwurf offensichtlich an mich gerichtet ist, nehme ich Abschied ...«.

Am folgenden Tag sprach d'Aquino nochmals in Puteaux vor, wurde aber diesmal schon vom Gärtner Hubert, der strenge Anweisung hatte, niemanden vorzulassen, abgewiesen. Darin ist wohl auch der Grund zu sehen, warum d'Aquino erst am 23. September wieder in Puteaux auftaucht. Er äußert sich im Tagebuch darüber: » ...An der Brücke von Courbevoie halte ich in Puteaux an. Der Gärtner ist immer noch unbeugsam. Über Tag bricht ein furchtbares Gewitter aus, und um 5 Uhr etwa, ganz durchnässt vom fallenden Regen, klopfe ich an das Haus des Herrn Lewis. Keine Antwort ... Ich stosse die

Gittertür an, und sie gibt nach. Nachdem ich mein Pferd angebunden habe, dringe ich in das Haus ein, das gänzlich verlassen scheint. Ich finde Bellini auf dem Bett, wobei er zu schlafen scheint ... aber seine Hand ist eisig. Ich kann nicht an die schreckliche Wahrheit glauben ... Der Gärtner tritt wieder ein und erzählt mir, dass der Signor Bellini um fünf Uhr den letzten Seufzer von sich gegeben habe, und dass er, da Herr und Frau Lewis nach Paris gefahren seien, weggegangen sei, um Leute herbeizuholen und Kerzen zu besorgen ...«.

Demnach scheint nur der Gärtner Hubert bei Bellinis Tod im Haus oder im Sterbezimmer gewesen zu sein, und d'Aquino muß spätestens 20 Minuten später den Leichnam gesehen haben. In Puteaux war er schon um 5 Uhr und zehn Minuten eingetroffen, brauchte aber sicher noch mehrere Minuten, bis er in das Zimmer Bellinis vorgedrungen war. Das steht auch im Einklang mit einem Bericht der Gazzetta privilegiata di Venezia vom 9. Oktober 1835, in dem es heißt: »Er [Bellini] blieb bis zuletzt ruhig, obwohl er fast immer bei sich selbst war. Nur wenige Stunden vor seinem Tode hatte er einen Augenblick des Deliriums. Er erhob sich unvorhergesehen vom Bett und, da ihm die Kräfte auf Grund des Fiebers gewachsen waren, sprang er zu Boden. Der Wächter, der ihn beaufsichtigte, erschrocken von solcher Unvorsichtigkeit, lief zu ihm hin und forderte ihn auf, ins Bett zurückzukehren, aber er sagte: »Seht Ihr nicht, dass meine ganze Familie ankommt? ...« Solches Delirium hielt nicht lange an; er legte sich erneut hin, fiel in Schwäche zurück und schlief ein.« Mit der Bezeichnung »Wächter« (Guardino) wird der Umstand, daß Bellini einsam gestorben ist, vorsichtig ausgedrückt. Auf den ersten Blick erscheint es ungewöhnlich, daß keiner seiner Freunde bei seinem Tod zugegen war. Ein einfacher Grund, der auch die Haltung des

Vincenzo Bellini.
Ölbild von Carlo Arienti um 1827.

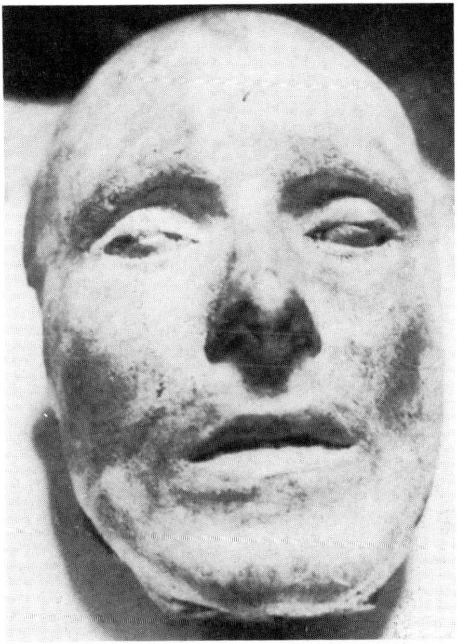

Bellinis Totenmaske von J.P. Dantan fils.

»unbeugsamen« Gärtners erklärt, dürfte jedoch dafür maßgebend gewesen sein: Montallegri hatte Bellini bewußt isoliert, da er eine ansteckende Krankheit, vielleicht sogar eine Cholera, annahm. Diese Seuche grassierte damals gerade in Südfrankreich und man fürchtete, daß sie auf Paris übergreifen könnte. Bei Bekanntwerden eines Choleraverdachts hätte man Bellini zur Quarantäne in ein öffentliches Lazarett verbracht, und das wollte Montallegri vermeiden.

Bellinis Tod wurde am Morgen des 24. September 1835 vom Gärtner Hubert und dem Tagelöhner Huché beim Bezirksamt Puteaux zu Protokoll gegeben, ein Umstand, der ebenfalls für die Annahme spricht, daß nur der Gärtner bei seinem Tode zugegen war (vielleicht noch der Tagelöhner), sonst hätte man als Zeugen wahrscheinlich Freunde Bellinis vorgeladen.

Die Totenmaske nahm am gleichen Tag der Bildhauer Jean-Pierre Dantan Fils, der noch im Frühjahr eine Büste Bellinis gefertigt hatte, ab. Sie zeigt Bellini mit offenen Augen, da Hubert vergessen hatte, ihm die Augen zu schließen. Vorübergehend wurde dann Bellini im Grab der Familie Levi beigesetzt.

Obduktion

Die offizielle Anordnung zur Obduktion Bellinis – um den erwähnten Vergiftungsgerüchten entgegenzutreten – erließ König Louis Philippe. Das Obduktionsprotokoll von Professor Dalmas von der Medizinischen Fakultät von Paris und Ritter der Ehrenlegion zeichnet sich durch Sachlichkeit und Fachkenntnis aus. Dalmas nahm die Obduktion am 25. September, 36 Stunden nach Bellinis Tod, vor. Anschließend wurde der Leichnam einbalsamiert, wobei man, auf Veranlassung Rossinis, das Herz gesondert präparierte, um es, je nach Wunsch, den Angehörigen oder der Geburtsstätte überlassen zu können.

Im Obduktionsprotokoll geht Dalmas zunächst auf die von ihm erhobenen Befunde im Bereich des Kopfes und der Brusthöhle ein. Er fand dort nichts Pathologisches. Auch die übrigen Organe waren normal, nur die Bauchhöhle zeigte schwere krankhafte Veränderungen, und zwar am Dickdarm und an der Leber. Dalmas schreibt: »Der ganze Dickdarm, vom äusseren analen [Darmausgang] Ende des Rectums bis zur Valvula ileocaecalis [Übergang des Dickdarms in den Dünndarm] war mit unzähligen Ulzerationen bedeckt, von der durchschnittlichen Größe einer Linse, sehr gräulich, gebildet von einer Eiterschicht mit einem eitrigen Detritus, den man mit Leichtigkeit ausdrückte. Diese Ulzerationen hatten sehr dünne Ränder, ein wenig lose und unter Wasser schwimmend; nirgendwo war die Tunica mucosa verdickt oder verhärtet, sondern im Gegenteil, sie war überall erweicht und hob sich wie Mark ab, dort, wo sie nicht ulzeriert war. Dort, wo sie es war, umfaßten die Ulzerationen ihre ganze Dicke, einen Teil und manchmal die Gesamtheit der Tunica muscularis; aber nirgendwo war die Tunica serosa angefressen, weswegen es nicht zur Perforation gekommen war.«

Im Anschluß daran beschreibt Dalmas den Leberbefund: »Das rechte äussere Ende der Leber enthielt in seiner Dicke einen Abszeß, dessen Volumen dem einer Faust gleichkam, und der mit dickflüssigem gelbem, homogenem und vollständig verbundenem Eiter gefüllt war. Die Wände des Herdes waren aus der etwas erweichten Substanz der Leber selbst gebildet, aber ohne irgendwelche Spuren einer Zyste oder neoplastischem Gewebe, von welcher Art es auch sei. Kein anderer Abszeß existierte in der Leber oder anderswo. Die Venen dieses inneren Körperorgans waren frei und in normalem Zustand. Der Inhalt der Gallenblase war wenig reichlich, schwarz und zähflüssig, aber die Mündungen und Gänge, die diese Flüssigkeit durchläuft, waren von keiner Verengung beeinträchtigt, folglich floß sie mit Leichtigkeit bis in das Duodenum ab. Es hatte kein Ikterus bestanden und es bestand auch keiner.«

Die Diagnose faßt Dalmas folgendermaßen zusammen: » ...es ist offensichtlich, dass Bellini an einer akuten Entzündung des Dickdarms gestorben ist, kompliziert durch einen Leberabszeß. Die Darmentzündung war der Anlaß der heftigen zu Lebzeiten beobachteten Symptome von Dysenterie – durch seine Position hatte der Abszeß noch keine Komplikation erzeugt, aber da er nach der konvexen Oberfläche der Leber lag, hätte er sich von einem Tag zum nächsten ins Abdomen öffnen und zu einem tödlichen Erguß in die Bauchhöhle Anlaß geben können – keine Verwachsung existierte zwischen der abdominellen Wand und der Leber, so daß dieser Ausgang der wahrscheinlichste gewesen wäre.«

Trauerfeierlichkeiten und Überführung nach Catania

Bevor wir auf das Obduktionsprotokoll näher eingehen, einige Daten über die weiteren Ereignisse nach Bellinis Tod. Er war zwar einsam gestorben, aber die Todesnachricht löste sofort ein weltweites Echo aus. Rossini bildete eine Kommission für die Trauerfeierlichkeiten. Ihr gehörten verschiedene Repräsentanten des Pariser Musiklebens wie Fernando Paer, Fromental Halevy und François Antoine Habeneck an. Letzterer dirigierte auch das Requiem im Invalidendom, eine Komposition von Cherubini. Im Anschluß daran wurde der Sarg mit Bellinis Leichnam zum Friedhof Père Lachaise überführt. Eine riesige Menschenmenge begleitete ihn. Die erste Schaufel Erde auf den ins Grab gesenkten Sarg warf Cherubini.

Binnen einer Woche hatte die Todesnachricht Mailand und nach drei Wochen Catania erreicht. Beim Bekanntwerden fanden allenthalben in Italien Gedächtnisfeiern statt.

Bellinis einbalsamierter Körper ruhte zunächst auf dem Friedhof Père Lachaise, obwohl man seitens der Stadt Catania schon 1835 eine Überführung in seine Heimatstadt beantragt hatte. Sie wurde jedoch von der bourbonischen Regierung verweigert. So vergingen dreißig Jahre, ehe die Frage der Rückführung wieder aufgegriffen wurde. Eine in Catania gebildete Kommission ersuchte 1865 die französische Regierung um die Freigabe von Bellinis Leichnam. Dem Gesuch wurde stattgegeben, aber es sollte noch 11 Jahre dauern, ehe die Überführung verwirklicht wurde. Krieg und Seuchen hatten sie immer wieder unmöglich gemacht. Endlich, am 15. September 1876, nahm man in Gegenwart einer Delegation aus Catania die Exhumierung auf dem Friedhof Père Lachaise vor. Mit einem Achtspänner wurde der in einen neuen Sarg gebettete Leichnam zum Gare de Lyon gebracht, und nach achttägiger Reise gelangte er nach Catania. Dort war die Ankunft Anlaß zu einem dreitägigen Fest. Seither liegt Bellini im Dom von Catania begraben. Erst jüngst, im Jahre 1959, erfolgte eine erneute Exhumierung, um den verfallenen Sarg zu erneuern. Dabei war der Körper Bellinis noch recht gut erhalten, und seine Gesichtszüge sollen noch Ähnlichkeit mit den bekannten Porträts aufgewiesen haben.

Diagnose

Dank der vorsorglich von König Louis Philippe angeordneten Obduktion entwickelte sich über die Umstände von Bellinis Tod keine von Polemik begleitete Diskussion. Die Mehrzahl der Biographen war sich darüber einig, daß er das Opfer einer akuten Darmentzündung geworden war. Ob Cicconetti (1859), Pougin (1868), Voss (1901) oder Reina (1935), sie alle geben diese Diagnose an. Chantavoine (1936) nahm darüber hinaus eine »choleraartige Erkrankung« an. Nur Amore (1894) brachte psychosomatische Aspekte ins Spiel und meinte »dass die Kunst ... langsam die zarten Fibern des catanesischen Orpheus untergrub«. Angesichts der vorliegenden morphologischen Befunde ist diese Auffassung nicht allzu ernst zu nehmen.

Über die Ursachen der zum Tode führenden »Dysenterie« herrschte allerdings ein Jahrhundert lang Unklarheit, da die wissenschaftlichen Voraussetzungen für eine kausale Beurteilung fehlten. Dalmas konnte sie noch nicht erkennen, hat aber eine derart exakte Beschreibung der Befunde an Dickdarm und Leber hinterlassen, daß die Beurteilung heute keine Schwierigkeiten mehr bereitet. Ein epidemiologisches Problem tut sich nur deswegen auf, weil bei Bellini ein ungewöhnlicher und besonders bösartiger Krankheitsverlauf einer »Dysenterie« vorlag. Er erklärt sich aus dem komplizierten Infektionsmodus der erregerbedingten Krankheit.

Francesco Giugni vermutete erstmals 1939 richtig, daß Bellini das Opfer einer »Amöbenenteritis« geworden sei, die durch die Entamöba histolytica verursacht wird. Dieser Auffassung schloß sich 1949 Mariotti an. Umso erstaunlicher ist es, wenn man noch 1966 im »Grande Dizionario Enciclopedico« liest, Bellini sei »unter unklaren

Umständen« gestorben. Orrey behauptete gar 1969 noch, es gäbe keine Beweise für irgendwelche infektiöse oder amöbenbedingte Ruhr. Diese Fehlurteile entspringen mangelnder Sachkenntnis und Oberflächlichkeit in medizinischen Dingen, wie wir sie heute immer noch reichlich in Biographien finden.

Der in seinen Musikerbiographien vorbildlich um medizinische Genauigkeit bemühte Herbert Weinstock ließ sich für seine 1971 erschienene Bellini-Monographie von dem Mailänder Arzt Dr. Victor de Sabata eigens das Obduktionsprotokoll kommentieren. De Sabata gelangte zu der Überzeugung, daß Bellini an einer Amöbenruhr mit einem Leberabszeß gestorben sei. Er gibt in seinem Kommentar seiner Verwunderung darüber Ausdruck, daß man die Todesumstände heute noch als »mysteriös« bezeichnen würde. Dieser Auffassung kann man sich in vollem Umfang anschließen. Zu erläutern gilt es, warum gerade bei Bellini die in unseren Breiten im allgemeinen eher leicht oder chronisch verlaufende Amöbenenteritis so akut und bösartig in Erscheinung trat. Dazu sind einige Worte über die Epidemiologie der Krankheit erforderlich

Dalmas kannte zwar die Ursache der von ihm diagnostizierten entzündlich geschwürigen Darmerkrankung nicht, es war ihm aber geläufig, daß es gewisse Formen der »Dysenterie« gab, die mit Leberabszessen einhergehen. Wie sich dieser Zusammenhang erklärt, ließ sich erst nach der Entdeckung der Entamöba histolytica als Erreger der Amöbenruhr durch Friedrich Lösch, im Jahre 1875, weiterverfolgen. Lösch hatte im Dickdarm von Kranken mit »Dysenterie« Geißeln tragende Bakterien gefunden. 1886 entdeckte Kartulis die gleichen Erreger auch im Eiter der Leberabszesse von Kranken mit Amöbenruhr. Das konnte als Beweis dafür gelten, daß sich die

Entamöba histolytica vom Darm aus in andere Organe auszubreiten vermag. Die Leber ist dabei bevorzugt, weil der Blutweg dorthin am kürzesten und intensivsten ist.

Mit der Entdeckung des Erregers fingen aber neue Schwierigkeiten an, denn längst nicht jeder mit der Entamöba histolytica Infizierte erkrankt manifest an Amöbenruhr. Häufig verläuft die Infektion unbemerkt, oder es treten nur vorübergehende leichte Krankheitserscheinungen auf. Es waren die Arbeiten der deutschen Kliniker Quinke und Roos 1893 und der Engländer Walker und Sellards 1913, die die Umstände aufklärten. Demnach tritt die Entamöba histolytica in zwei Formen auf, in einer kleinen harmlosen sogenannten Minutaform mit Zystenbildung und in einer größeren bösartigen Form, der sogenannten Magnaform, die schwerwiegende Krankheitsbilder verursacht. Minutaform und Zysten können viele Jahre den Dickdarm besiedeln, ohne Krankheitssymptome zu verursachen. Aus heute noch nicht geklärten Gründen wird die Minutaform plötzlich bösartig, wandelt sich in die Magnaform um, und die umgewandelten Amöben dringen in die Darmschleimhaut ein. Dort bilden sie Geschwüre (Ulcerationen) und bohren sich durch die Schleimheit hindurch, was eine Streuung auf dem Blutweg in andere Organe zur Folge hat. Die Geschwüre als solche bleiben in der Regel auf die Schleimhaut des Dickdarms (der Dünndarm wird nicht befallen) beschränkt, nur seltener erreichen sie die Muskelschicht des Dickdarms. Die Ränder der Geschwüre sind teils unterminiert, oder sie wirken wie ausgestanzt. Das alles hat Dalmas in seinem Protokoll in charakteristischer Weise niedergelegt.

Auch die Beschreibung des Leberabszesses fügt sich in das Krankheitsbild geradezu klassisch ein. Der Abszeß war faustgroß, saß im rechten Leberlappen, dem bevorzugten Sitz der Amöbenabszesse, war mit homogenem Eiter gefüllt und oberflächennah, weswegen die Gefahr eines Durchbruchs in die Bauchhöhle bestand. Das hätte den Tod Bellinis im »peritonealen Schock« zur Folge gehabt.

Dalmas hob auch hervor, daß er nur einen einzigen faustgroßen Abszeß gefunden habe – einen Solitärabszeß –, ein ebenfalls für die Erkrankung charakteristischer Befund.

Wie kam es nun bei Bellini, während er in und um Paris lebte, also im gemäßigten Klima, zu einem derart akuten Krankheitsverlauf, obwohl die Amöben bei uns in Mitteleuropa gewöhnlich in der ungefährlichen Minuta- und Zystenform den Dickdarm besiedeln? Wann und wo hatte sich Bellini mit Amöben infiziert?

Man kann davon ausgehen, daß Bellini sich wahrscheinlich schon in seiner Jugend entweder in Sizilien oder Süditalien mit der Entamöba histolytica infiziert hat, denn dort sind infolge des heißen Klimas Amöbeninfektionen nicht ungewöhnlich. Möglicherweise exacerbierte die Krankheit, nachdem sie Jahre hindurch latent geblieben war, erstmals 1830, als Bellini wochenlang krank war, was er als »Magen- und Gallenfieber« beschreibt. Er erwähnt dabei nicht, daß er an Diarrhoe leide. Schon deswegen kann die Frage eines Zusammenhangs der akuten Krankheit 1830 mit der Todeskrankheit von 1835 nur ungenügend beantwortet werden. Man kommt dabei über Vermutungen nicht hinaus. Ebensogut möglich ist es, daß Bellini 1830 etwa an einer Virushepatitis oder einer unspezifischen Magen-Darm-Erkrankung litt. Später immer wieder auftretende leichtere Beschwerden seitens des Magen-Darmtrakts lassen sich bei der sensiblen Natur Bellinis auch zwanglos dem Symptomenbild eines sog. Reizmagens oder Reizdarms, also rein funktionellen Beschwerden, zuordnen.

Inwieweit die im Juni 1834 aufgetretene, nicht näher beschriebene »Magenerkrankung« Vorbote der akuten Erkrankung des folgenden Jahres war, ist nicht zu entscheiden. Es ist bekannt, daß die Entstehung von Amöbenabszessen in der Leber durchaus nicht mit den akuten Symptomen der Amöbenruhr gekoppelt zu sein braucht. Andererseits konnte jetzt durch die Möglichkeiten einer verfeinerten Diagnostik mittels der Sonographie (Ultraschalluntersuchung) bewiesen werden, daß sich selbst große Amöbenabszesse in wenigen Wochen, ja Tagen, entwickeln können.

Man geht heute davon aus, daß die Entamöba histolytica dann bösartig wird, wenn der Dickdarm durch andere Erkrankungen geschädigt und in seiner Abwehrkraft geschwächt ist. Das geschieht z.B. bei akuten durch Bakterien, wie Salmonellen, oder Viren hervorgerufenen Diarrhoen, sowie bei der gefürchteten Colitis ulcerosa oder dem Morbus Crohn, chronisch entzündlichen Erkrankungen des Dickdarms, deren Ursachen man heute noch nicht kennt. Bei Bellini ließe sich daran denken, daß eine bakterielle oder virusbedingte Enteritis zur Exacerbation der Amöbenkrankheit führte; zu beweisen ist das nicht, ebensowenig wie wir Anhaltspunkte dafür finden, daß bei ihm eine chronisch entzündliche Darmerkrankung vorlag. Der Tod trat wohl durch den maximalen Wasser- und Elektrolytverlust infolge der unstillbaren Diarrhoen ein, ehe es zu einer Perforation des Leberabszesses in die freie Bauchhöhle mit peritonealem Schock kam.

Immer wieder wurde die Frage aufgeworfen, ob man Bellini hätte retten können, wenn vielleicht ein anderer und erfahrenerer Arzt zur Stelle gewesen wäre. Diese Spekulation wurde vor allem deswegen angestellt, weil sich Dr. Montallegri in seinem dritten »Billett« prognostisch so getäuscht hatte. Obwohl Bellini noch am gleichen Tag starb, sprach er davon, ihn am nächsten Tag außer Gefahr erklären zu können. Die Frage ist trotzdem zu verneinen. Der damalige Stand der Medizin erlaubte keine kausale Therapie der Amöbenruhr, schon gar nicht eines Leberabszesses, die erfolgversprechend gewesen wäre. Man kannte zwar das Emetin, wußte aber noch nicht, daß es gegen die Entamöba histolytica als Therapeuticum wirkte. Diese Entdeckung erfolgte fast acht Jahrzehnte später. Man muß Dr. Montallegri sogar bescheinigen, daß er wahrscheinlich keine therapeutischen Maßnahmen ergriffen hat, die das Leben Bellinis verkürzten. Wäre er ein Anhänger der Lehre des französischen Arztes Broussais (1772–1838) gewesen, hätte er Bellini sicher kräftig zur Ader gelassen, ihm Brechmittel verabreicht, ja ihm zu seiner unstillbaren Diarrhoe vielleicht noch Abführmittel verabreicht, unter der Vorstellung, damit die krankmachenden Substanzen aus dem Körper zu entfernen. Derartige Maßnahmen haben Hunderttausenden von Kranken damals das Leben gekostet. Soweit ersichtlich, hat sich Montallegri auf die Verabreichung von Zugpflastern beschränkt, die lediglich Hautreizungen hervorriefen und das Leben Bellinis nicht verkürzten.

Heute ist die Amöbenruhr mit Chemotherapeutica ohne weiteres heilbar, ja selbst größere Leberabszesse kann man damit ohne Operation zu Abheilung bringen. Durch Zufuhr von reichlich Flüssigkeit durch die Venen verhindert man das Austrocknen des Patienten und den gefährlichen Mineralverlust. So ist anzunehmen, daß Bellini unter heutigen Umständen wahrscheinlich überlebt hätte.

Literatur

Amore, A.: Vincenzo Bellini: Vita-Studi e ricerche. Catania 1894.

Barblan, G.: Vincenzo Bellini. In: Die Musik in Geschichte und Gegenwart. Hrsg. v. F. Blume. Bd. I, Kassel und Basel 1949–51, p. 1611–1616.

Cambi, L., Hrsg.: Vincenzo Bellini: Epistolario. Mailand 1943.

Chantavoine, J.: Bellini a Parigi. In: Vincenzo Bellini: L'uomo, le sue opere, la sua fama. Hrsg. v. I. Pizzetti. Mailand 1936, p. 185–208.

Cicconetti, F.: Vita di Vincenzo Bellini. Prato 1859.

De Angelis, G.T.: Vincenzo Bellini: La vita, l'uomo, l'artista. Brescia 1935.

Enciclopedia Italiana di Scienze, Lettere ed Arti. Hrag. v. Istituto della Enciclopedia italiana: Vincenzo Bellini. Bd. IV, Rom 1930, p. 562–566.

Florimo, F.: Bellini: Memorie e lettere. Florenz 1882.

Franken, F.H.: Die Leber und ihre Krankheiten – zweihundert Jahre Hepatologie. Stuttgart 1968.

Grande Dizionario Enciclopedico. Gegr. v. P. Fedele: Vincenzo Bellini. Bd. II. Turin 1966, p. 864–865.

Hiller, F.: Vincenzo Bellini. In: Dt. Rundschau. Berlin 15 (1878) 308–317.

Mariotti, M.: E morto Vincenzo Bellini per enterocolite amebica? Minerva med. Turin 40, I (1949) 292–294.

Monterosso, R.: Vincenzo Bellini. In Dizionario biografico degli italiani. Hrsg. v. Istituto della Enciclopedia italiana. Bd. VII, Rom 1965, p. 718–739.

Moser, H.J.: Musikgeschichte in 100 Lebensbildern. Leipzig 1952.

Oehlmann, W.: Vincenzo Bellini. Zürich 1974.

Orrey, L.: Bellini. London – New York 1969.

Pastura, F.: Vincenzo Bellini. Catania etc. 1959.

Pastura, F.: Bellini secondo la storia. Parma 1959.

Pougin, A.: Bellini: Sa vie, ses oeuvres. Paris 1868.

Reina, C.: Il Cigno catanese: Bellini–La Vita e le opere. Catania 1935.

Voss, P.: Vincenzo Bellini. Leipzig s.a. (evtl. 1901).

Weinstock, H.: Vincenzo Bellini, His Life and His Operas, New York 1971.

Felix Mendelssohn Bartholdy

(1809–1847)

Einleitung

Felix Mendelssohn Bartholdy wurde nur drei Jahre älter als Bellini. Er starb mit 38 Jahren scheinbar ebenso plötzlich wie dieser. Während Bellini aber das Opfer einer bösartigen infektiösen Darmkrankheit wurde, läßt sich aus der Krankengeschichte Mendelssohns sein frühes Ende als unerbittliche Konsequenz voraussehen. Er war nicht immer die strahlende und sieghafte Persönlichkeit, als die er immer wieder geschildert wird, sondern sein kurzes Leben wurde im Laufe der Jahre mehr und mehr von seinem zum Tode führenden Leiden überschattet. Schon 1840 wäre er ihm um ein Haar beim Schwimmen im Rhein erlegen. In den Biographien liest man davon nichts oder nur wenig, obwohl Mendelssohn anschließend wochenlang krank darniederlag und selbst äußerte, daß er beinahe gestorben wäre.

An Hand zahlreicher Zeugnisse von Freunden und Verwandten, besonders aber auch aus Briefen von seiner eigenen Hand, läßt sich die Art seines Leidens gut rekonstruieren. So dürfen wir uns nicht mehr mit der verallgemeinernden Diagnose zufriedengeben, er sei an einem »Schlaganfall«, wie sie in der Familie Mendelssohn häufig gewesen seien, gestorben. Ein Schlaganfall bildet den Endpunkt verschiedener Krankheiten, entsteht also aus unterschiedlicher Ursache. Es ist etwas anderes, ob ein

Mensch mit sechzig oder mit achtunddreißig Jahren daran stirbt. Großvater und Vater Mendelssohns waren immerhin gegen sechzig Jahre alt, als sie ein tödlicher Schlaganfall traf, Mendelssohn selbst erst achtunddreißig und seine Schwester Fanny 41 Jahre. Auch die Schwester Rebekka starb schon mit 47 Jahren, anscheinend recht plötzlich. Über Fanny tauchten in den letzten Jahren einige Dokumente, die ihr Leben erhellen, auf, sie reichen aber noch nicht, wie bei ihrem Bruder, zu einer endgültigen Beurteilung der Krankengeschichte aus. Ihr Briefwechsel und ihre Aufzeichnungen befinden sich großenteils in Archiven oder Privatbesitz und sind damit der Öffentlichkeit nicht zugänglich. Bei dem Bruder Felix sind wir glücklicher daran, denn ein großer Teil seines Briefwechsels ist publiziert und damit eine Auswertung möglich. Nachweisbar sind bisher etwa 5 000 Briefe, die Mendelssohn geschrieben hat. Aber er hat weit mehr verfaßt. Das geht daraus hervor, daß etwa 7 000 an ihn gerichtete Briefe erhalten sind (Mendelssohn hat sie alle selbst sorgfältig abgeheftet), und er jeden Brief zu beantworten pflegte. Erst 1984 erschien wieder eine Auswahl Mendelssohnscher Briefe, in denen sich wichtige pathographische Ergänzungen finden. Da Mendelssohn seine Beschwerden jeweils mit der ihm eigenen Klarheit schildert, lassen sich die Symptome seines Leidens besonders gut herauslesen.

Herkunft und Jugendjahre

Felix Mendelssohn Bartholdy entstammte einer angesehenen jüdischen Familie. Sein Großvater Moses Mendelssohn (1729–1786), von Beruf Seidenfabrikant, gehört zu den bedeutenden Philosophen des 18. Jahrhunderts. Wegen seiner humanitären Gesinnung diente er Lessing als

Vorbild für den »Nathan« in seinem Schauspiel »Nathan der Weise«. Klein, bucklig und an einem Sprachfehler leidend, starb Moses mit 57 Jahren ohne Vorzeichen innerhalb weniger Stunden an einem Schlaganfall.

Moses hatte vier Kinder. Das zweite davon war der Sohn Abraham (1776–1835), Felix Mendelssohns Vater. Er heiratete 1805 Lea Salomon (1774–1842) und ließ sich in Hamburg als Bankier nieder. Dort kamen 1805 Fanny, 1809 Felix und 1811 Rebekka zur Welt. Der Sohn Paul wurde 1813 nach der Übersiedlung nach Berlin geboren; Abraham hatte Hamburg wegen Schwierigkeiten mit der napoleonischen Besatzungsmacht verlassen. In Berlin faßte er rasch Fuß und galt bald als der «inoffizielle preußische Hofbankier«. Abraham war aber längst nicht nur Geschäftsmann, sondern er besaß einen hohen Grad von Bildung und künstlerischen Interessen. Sein Berliner Haus bildete einen Mittelpunkt im geistigen Leben der Stadt. In religiösen Dingen war er liberal, sah die jüdische Religion als vom Christentum überholt an und ließ deswegen seine Kinder protestantisch taufen. Auch suchte er ihnen die größtmögliche Bildung und die beste Erziehung angedeihen zu lassen. Als Fannys und Felix' eminente musikalische Begabung zutage trat, tat er alles, um deren Talent zu fördern. Wie hatte sich die Zeit gegenüber Mozarts Jugendjahren geändert! Während dessen Vater seinen Sohn als Wunderkind an Kaiser-, Königs- und Fürstenhäusern präsentierte und nicht an eine konsequente Ausbildung dachte, waren die Eltern von Felix von dem Wunsch beseelt, ihr »Wunderkind« – und als solches galt Felix schon im Alter von sieben Jahren – zu einer hohen menschlichen und künstlerischen Persönlichkeit heranreifen zu lassen. Er und seine Geschwister erhielten Unterricht durch erlesene Hauslehrer. Am Klavier wurden sie durch den Komponisten und Musikpädagogen Lud-

Abraham Mendelssohn (1776–1835), Bleistiftzeichnung von W. Hensel.
Nationalgalerie Berlin, Staatl. Museen Preußischer Kulturbesitz.

Felix Mendelssohn Bartholdy am Klavier, Zeichnung von W. Hensel.
Nationalgalerie Berlin, Staatl. Museen Preußischer Kulturbesitz.

wig Berger ausgebildet, und den Kompositionsunterricht übernahm Carl Friedrich Zelter (1758–1832), der Leiter der Berliner Singakademie und Freund Goethes.

Mendelssohns Jugend verlief weitgehend unbeschwert. Wohlgestaltet und gut erzogen, schlug ihm überall Sympathie entgegen. Seine Jugendkompositionen gelangten in den »Sonntagsmusiken« im Hause Mendelssohn ab 1822 zur Aufführung. Diese »Sonntagsmusiken« entwickelten sich bald zu Höhepunkten im Berliner Musikleben, vor allem als Fanny später deren Leitung übernahm.

Zelter versäumte es nicht, seinen Schüler Goethe in Weimar vorzustellen. Der dortige Besuch, 1821, verdient deswegen festgehalten zu werden, da er Goethes Einstellung zu Mendelssohn zeigt. Zelter hatte den Besuch mit folgenden Zeilen angekündigt: »Der letztere [Felix] ist ein guter, hübscher Knabe, munter und gehorsam, er ist zwar ein Judensohn, aber kein Jude. Der Vater hat mit bedeutender Aufopferung seine Söhne nicht beschneiden lassen und erzieht sie, wie sichs gehört. Es wäre wirklich einmal eppes Rores, wenn aus einem Judensohn ein Künstler würde.« Goethe war von Mendelssohn sofort begeistert. In einem Gespräch mit Zelter äußerte er, der seinerzeit den siebenjährigen Mozart erlebt hatte: »Was aber Dein Schüler jetzt schon leistet, mag sich zum damaligen Mozart verhalten, wie die ausgebildete Sprache eines Erwachsenen zu dem Lallen eines Kindes«.

In den bisher zugänglichen Dokumenten finden sich keine Anhaltspunkte für ernstere Krankheiten während Mendelssohns Jugendjahren. Das blieb so bis zum Jahre 1829. Bis dahin lebte Mendelssohn vorwiegend in Berlin. Zur Erweiterung seiner Allgemeinbildung hörte er in den Jahren 1827/28 Vorlesungen an der Universität. Außerdem bildete er sich im Zeichnen und Aquarellieren weiter. Eine ganze Reihe seiner schönsten Kompositionen entstand während der Berliner Zeit, so eine erste Sinfonie, sein Streichquartett Op. 13, das Streicheroktett und die Sommernachtstraum-Ouvertüre. Im März 1829 führte er Bachs Matthäuspassion auf, die er damit einer 100jährigen Vergessenheit entriß.

In diesen Jahren war Mendelssohns Gesundheit noch nicht beeinträchtigt. Nur ein Symptom, das später immer heftiger und häufiger werden sollte, seine Kopfschmerzen, kündigte sich leise an. Sie sind in einem Brief vom 7. Februar 1827 an Adolf Friedrich Lindblad erwähnt: »... und warum das alles? Weil ich am Montag Kopfschmerzen hatte. – Klingt das nicht seltsam? Und's ist doch so«.

Unfall mit dem Pferdewagen

Zu der ersten seiner insgesamt zehn Englandreisen machte sich Mendelssohn am 10. April 1829 auf. In London wurde er stürmisch gefeiert. Ende Juli brach er, zusammen mit seinem Freund, dem Legationsrat Karl Klingemann (1798–1862) zu einer Schottlandreise auf, von der er im September nach London zurückkehrte. Während der Reise machten sich seine Kopfschmerzen wieder bemerkbar. Er schreibt darüber am 7. August an seinen Vater: » ...2tens ist er [Klingemann] nicht wie ich von starken Kopfschmerzen geplagt, die mir das Denken erschweren, das Schreiben unmöglich machen«.

Mendelssohn beabsichtigte, zur Hochzeit seiner Schwester Fanny mit dem Maler Wilhelm Hensel am 3. Oktober wieder in Berlin zu sein. Sein Plan wurde jedoch durch einen Unfall mit einem »Gig«, einem leichten Einspänner, zunichte gemacht, bei dem er erhebliche Verletzungen erlitt. Mendelssohn, der den Gig selbst kutschierte, schilderte seinem Vater in einem erst 1984 veröffentlichten Brief vom 18. September 1829 den Unfall und seine Folgen: »Ich wäre gewiß gekommen [Mendelssohn wollte sich mit dem Vater in Amsterdam treffen] denk ich; doch Du wirst an meiner kindischen Hand sehen, daß ich nicht ganz confortabel schreibe; ich liege nämlich wie ein kranker Schosshund auf dem Bette ausgestreckt mit einer verbundenen Pfote, und kann nur vermittelst besonderer Anstalten überhaupt zum Schreiben kommen. Es ist nämlich ein dummer Gig gestern mit mir umgefallen und hat mich eines schönen Stücks Haut mit zugehörigen Fleisch, schwarzem Tuchhosenzeug und m.a. beraubt, und Dr. Kind verdammt mich unerbittlich 4–5 Tage ruhig liegen zu bleiben. Ruhig! Wird mir sehr schwer. Indess soll Inflammation vermieden werden, und ich kriege deshalb nur Suppe und Reis und Früchte wie eine Bramine zu essen, das giebt schon Ruhe«.

Aus dem Brief erfahren wir, daß sich Mendelssohn nicht nur eine Knieverletzung, wie es bisher angenommen wurde, sondern auch eine Verletzung der Hand zugezogen hatte. Dabei dürfte es sich, nach seinen Äußerungen über die Schwierigkeiten beim Schreiben, um die rechte Hand gehandelt haben. Die Verletzung scheint aber, im Gegensatz zu der Verletzung des Knies, nur oberflächlich gewesen zu sein, denn in späteren Briefen wird sie von ihm nicht mehr erwähnt.

Die im Brief an seinen Vater geäußerte Hoffnung, mit zwei Wochen Verspätung heimkehren zu können, erfüllte sich nicht. Bis Anfang November blieb Mendelssohn an sein Zimmer gefesselt. Ob das alleine durch die Knieverletzung selbst bedingt oder auch Ausdruck besonderer ärztlicher Vorsichtsmaßnahmen war, muß dahingestellt bleiben. Es spricht einiges dafür, daß sein behandelnder Arzt Dr. Kind, der damaligen Ansicht folgend, größten Wert auf eine möglichst lange Ruhigstellung nicht nur des

Carl Friedrich Zelter (1758–1832), der Lehrer Mendelssohns.
Lithographie nach einem Gemälde von K. Begas.

Knies, sondern des gesamten Organismus legte. Darin inbegriffen war das Meiden jeder geistigen Anstrengung, weswegen die Patienten weder lesen noch schreiben durften. Für eine so geistig rege Persönlichkeit wie Mendelssohn bedeutete das eine besondere Strapaze, und so glaubt man ihm schon, wenn er an Fanny schreibt, daß sein Kopf »noch gar zu wüst von dem vielen im Bett liegen und von der langen Gedankenlosigkeit« sei. Zu den genannten Maßnahmen kamen noch diätetische hinzu, die alles andere als dazu angetan waren, das subjektive Wohlbefinden zu fördern. Darüber hinaus ließ man Mendelssohn auch noch zur Ader, was sicher nicht zu seiner Kräftigung beitrug. Er berichtet darüber an Fanny: »Sagt was Ihr wollt, der Körper hängt gar eng mit dem Geiste zusammen, ich sah's neulich zu meinem rechten Ärger, als sie mir zur Ader liessen und mir alle freien frischen Gedanken, die ich vorher gehabt, mit dem Blute in die Tasse tropften, und ich matt und gelangweilt wurde«.

Bei der »intensiven« Behandlung, der man Mendelssohn unterzog, müssen die Verletzungen wohl ernster gewesen sein, als sie von Mendelssohns Freund Rosen (1805–1837) nach Berlin gemeldet wurden. Rosen berichtet am 6. November der Familie: »War auch vielleicht das Leiden selbst gering, so forderten doch schon die Ärzte zur Verhütung ernsterer Folgen die vollkommenste Ruhe und Resignation während der Genesung, und gewiss hat Felix durch dies ihm auferlegte passive Verhalten mehr als durch die Schmerzen seiner Wunde selbst gelitten ...«. Es ergibt sich auch aus einem Brief Mendelssohns an Klingemann von Mitte November, in dem er schreibt: »Das hol der Teufel, daß ich nicht leben kann ohne meine gelbe liebe Medizin. Mir wurde heute bei Tisch so übel und die Leibschmerzen so stark, dass ich aufstehen und mich entfernen musste. So sei Du denn so gut, mir die braune Flasche morgen mit herauszubringen, ich will alle zwei Stunden einen Esslöffel davon nehmen und keine Früchte essen, aber ich bin auf dem Hund«.

Aus den Briefen geht hervor, dass das Knie nicht nur geprellt war, sondern auch eine offene Wunde bestand. Am 6. November durfte Mendelssohn erstmals eine Ausfahrt machen. Er berichtet darüber an seine Familie in Berlin: »Schon als ich die Treppe so recht langsam herunterstieg ..., wurde mir weich und wohl; als es aber um die Ecke ging und die Sonne mich so warm beschien und der Himmel mir den Gefallen that tief klar zu sein, da fühlte ich die Gesundheit zum erstenmale in meinem Leben, denn ich hatte sie früher nie auf so lange Zeit entbehrt«.

Am 20. November konnte Rosen nach Berlin schreiben: »Das Knie geht gut bis auf Reste der Steifheit und Schwäche«. Am 29. November endlich konnte Mendelssohn die Heimreise antreten. Die bevorstehenden Strapazen der langen Fahrt hatte er jedoch unterschätzt. Sein anfänglicher Optmismus, der sich in einem Brief aus Lüttich findet, wonach sich sein Knie »ungemein wohl« befinde, nicht schmerze und weniger dick als bei der Abreise sei, schwand bald. Wie er kurz nach der Rückkehr nach Berlin an die Frau seines Freundes, des Komponisten und Pianisten Ignaz Moscheles (1794–1870) schreibt, hatte ihn die Reise sehr angegriffen. Sein Berliner Hausarzt sperrte ihn deswegen auch gleich wieder »für einige Wochen ins Zimmer«. Das Gehen war ihm »soweit als möglich« verboten.

In keinem der Berichte über den Unfall erfahren wir, welches Knie verletzt war. Geht man davon aus, daß die rechte Hand in Mitleidenschaft gezogen war, läßt sich auf das rechte Knie schließen, da Mendelssohn nach rechts zu Boden gerissen worden war. Über die genaue Art der Knieverletzung läßt sich keine sichere Aussage machen. Es könnte eine Meniskusverletzung, eine Bänderzerrung

Aus Mendelssohns Zeichen- und Tagebuch während seiner Schottlandreise 1829. Aus H. Ch. Worbs: Mendelssohn Bartholdy, Rowohlt 1976.

Neapel, Aquarell von Felix Mendelssohn Bartholdy.
Aus E. Wolf: Mendelssohn Bartholdy, Verlag Harmonie, Berlin 1909.

oder sogar ein Bänderriß vorgelegen haben. Jedenfalls muß dabei ein Gelenkerguß bestanden haben, da das Knie über viele Wochen angeschwollen war. Eine offene Gelenkverletzung lag nicht vor, die äußere Wunde betraf nur die Weichteile, sonst wäre Mendelssohn nicht so glimpflich davongekommen. Er war durch die Gelenkverletzung zwar über mehrere Monate beeinträchtigt, da eine solche immer langwierig ist, später lesen wir aber nie mehr etwas darüber.

Masern

Kaum hatte sich Mendelssohn von dem Unfall erholt, wurde er mit Masern angesteckt. Zuerst erkrankte seine Schwester Rebekka daran. Man isolierte sie sofort, es war aber schon zu spät. Wenige Tage danach (Ende März) ereilte auch ihn die Krankheit, wie es die Ärzte vorausgesagt hatten. Er schreibt darüber an den Schauspieler Eduard Devrient: »Die Ärzte geben mir die Hoffnung, daß ich in einigen Tagen auch die Masern kriegen soll«. Rosen teilt er am 9. April mit: »Daß ich diesen Brief nicht selbst schreibe, sondern ihn in die Feder diktieren muß, ist die Folge der Masern, die ich, im Begriff abzureisen, zugleich mit meiner jungen Schwester und Paul gehabt habe, und wie wohl ich mich schon wieder hergestellt und gesund fühle, ist mir doch noch Lesen und Schreiben ganz untersagt«. Er war also innerhalb kurzer Zeit zweimal zum Nichtstun verurteilt.

Interessant ist es, daß Felix, Paul und Rebekka erst im Erwachsenenalter mit den Masern infiziert wurden, obwohl es sich um eine Kinderkrankheit handelt, die auch heute noch fast jeder im frühen Alter durchmacht. Die Erklärung ist darin zu suchen, daß die Mendelssohnkinder weder Kindergarten noch Schulen besuchten, sondern zu

Hause durch Hauslehrer erzogen wurden. Sie hatten deswegen nur wenig Kontakte mit anderen Kindern und blieben vor Ansteckung bewahrt.

Die Sicherheit, mit der die Ärzte die Diagnose der Masern stellten und die Ansteckung Mendelssohns vorhersagten, hängt damit zusammen, daß die Masernkrankheit mit ihrem charakteristischen Hautexanthem damals schon gut gegenüber anderen Kinderkrankheiten abgegrenzt wurde. Thomas Sydenham (1624–1689), auch der Vater der englischen Medizin genannt, hatte sie schon 1676 in seinem umfassenden Werk: »Observationes medicae circa morborum acutorum historiam et curationem« eingehend abgehandelt.

Europareise

Anfang Mai 1830 war Mendelssohn endlich soweit wiederhergestellt, daß er eine geplante Europareise antreten konnte. Sie begann mit einem Besuch bei Goethe in Weimar. Aus den zum Besuch vorgesehenen wenigen Tagen wurden auf dessen Wunsch zwei Wochen. Über München, Wien, Venedig und Florenz reiste Mendelssohn nach Rom weiter, wo er den ganzen Winter 1830/31 blieb. Den Plan, auch noch Sizilien zu besuchen, bewilligte sein Vater nicht, und so mußte er sich mit einem Abstecher nach Neapel begnügen.

Die Monate in Rom dürften zu den glücklichsten im Leben Mendelssohns gehört haben. Ungebunden konnte er dem Komponieren, aber auch seinen anderen Neigungen, vor allem dem Zeichnen und Aquarellieren nachgehen.

Über die Schweiz und einen Abstecher nach Frankfurt reiste er nach Paris weiter, wo er von November 1831 bis

April 1832 blieb. Er fand dort nicht die von London her gewohnte Anerkennung. So konnte seine »Reformationssinfonie« nicht aufgeführt werden, weil die Musiker des Conservatoire-Orchesters eine Mitwirkung ablehnten. Mendelssohn hätte Paris auch vielleicht schon früher wieder den Rücken gekehrt, wenn er nicht an der Cholera erkrankt wäre. Sie grassierte seit Anfang 1832 in der Stadt und forderte viele Opfer. Mendelssohn lag einige Wochen damit gefährlich darnieder. Er schreibt in einem Brief vom 16. April an Karl Klingemann von einer »sehr fatalen Krankheit«, die »mich die letzten Wochen ans Bett und Zimmer gefesselt«. In einem Brief vom gleichen Tage teilt er dem Klarinettisten Heinrich Bärmann mit: »Ich war so verdriesslich wie ein Meerschweinchen, fühlte mich so unwohl wie ein Fisch im Sande den ganzen Winter hindurch. Immer fehlte mir etwas und so bin ich endlich in der letzten Zeit ordentlich krank geworden, mußte im Bett liegen, meinen Bauch von einer alten Frau massieren lassen, warme Tücher tragen, viel schwitzen, nichts essen, viel Besuche und Mitleid annehmen, alles zum Teufel wünschen. Münzpillen nehmen, mich langweilen und somit meinen Ärger, mein Bauchweh und die anziehende Cholera, die ich bekommen sollte, ausschwitzen ... Jetzt ist aber seit einigen Wochen alles vorbei. Die Cholera hat entsetzlich hier gerast und die Leute denken nicht mehr an Musik, nur an Kolik. Wer reisen konnte, ist gereist, die anderen gehen abends nicht aus. Und hätte ich mir nicht meinen Bauch von einer alten Frau einreiben lassen müssen, so wäre ich längst fort«.

Ferdinand Hiller schreibt in seinen Erinnerungen, Mendelssohn habe in Paris einen »zum Glück nur leichten Anfall der Cholera« gehabt. Damit dürfte er den Ernst der Erkrankung aber bagatellisiert haben, sonst wäre Mendelssohn nicht einige Wochen an sein Bett und Zimmer gefesselt gewesen. Man rechnete damals damit, daß etwa jeder zweite Cholerakranke starb. Die Seuche war erst 1817 in Europa eingeschleppt worden. Ehe sie gegen Ende des letzten Jahrhunderts durch gezielte hygienische Schutzmaßnahmen erlosch, waren Unzählige an ihr gestorben. Den Erreger der Krankheit, das Vibrio cholerae, entdeckte Robert Koch 1884.

Geradezu makaber mutet es an, daß die Cholera bei genügender Flüssigkeits- und Elektrolytzufuhr relativ ungefährlich ist und nur durch falsche therapeutische Vorstellungen künstlich zu einer so häufig tödlich endenden Krankheit gemacht wurde. Man glaubte, die wässrigen Durchfälle am besten durch Durstenlassen zum Stillstand zu bringen und ließ die Kranken unter Durstqualen regelrecht austrocknen. Sie starben an allgemeiner Exsikkose. Es ist noch nicht so lange her, seit man weiß, daß nicht eine Entzündung der Darmschleimhaut pathogenetisch entscheidend ist, sondern ein Durchlässigwerden der Darmwand für Wasser und Mineralien durch das Gift des Choleraerregers. Ersetzt man die dadurch entstehenden Flüssigkeitsverluste in den kritischen Tagen, ist die Krankheit bald überwunden.

Mendelssohn hatte Glück mit seiner Choleraerkrankung und erholte sich schnell davon. Ende April finden wir ihn bereits wieder in London. Dort erreichte ihn die Nachricht vom Tode seines Lehrers Carl Friedrich Zelter, dessen Stelle als Leiter der Berliner Singakademie somit frei wurde.

Unstete Jahre und Heirat

Mendelssohn hatte gehofft, der Nachfolger Zelters als Direktor der Berliner Singakademie zu werden. Man zog ihm jedoch den älteren Karl Friedrich Rungenhagen

(1778–1851) vor, was er als persönlichen Affront gegen sich und seine jüdische Abstammung ansah. Sein Unmut darüber legte sich aber bald, da man ihn als Leiter des Niederrheinischen Musikfests für das Jahr 1833 nach Düsseldorf berief. Er feierte dabei derartige Triumphe, daß man ihn anschließend zum Musikdirektor der Stadt Düsseldorf ernannte. 16 Jahre später erhielt Robert Schumann diese Stelle. Die Tätigkeit in seinem neuen Amt, das mit Verwaltungsaufgaben gekoppelt war, entwickelte sich bald unerfreulich. Mendelssohn überwarf sich mit dem Theaterintendanten Karl Lebrecht Immermann (1796–1840) und legte sein Amt schon 1835 wieder nieder. Sein Vater, auf dessen Wort er viel gab, machte ihm deswegen ernste Vorwürfe. In einem Brief von Ende 1834 läßt er seinen Unmut aus: »Jeder, der Gelegenheit und Lust hat, Dich näher und innerlicher kennenzulernen, sowie alle, denen Du Lust und Gelegenheit gabst, Dich deutlicher zu machen, werden Dich lieb gewinnen und achten, – das alleine reicht aber wirklich nicht aus, um tätig und wirksam ins Leben einzugreifen; es wird vielmehr bei vorrückendem Alter, wenn anderen und Dir jene Lust und Gelegenheit ausgehen, zu Isolierung und Missmut führen ... Nun hast Du Dich unleugbar bis jetzt noch nicht von einer gewissen Schroffheit und Heftigkeit, von einem raschen Eingreifen und ebenso raschen Loslassen trennen können und Dir dadurch selbst in praktischer Hinsicht viele Hindernisse geschaffen. So muss ich Dir z.B. bekennen, dass ich Dein Ausscheiden von der aktiven Teilnahme an der Detailverwaltung des Düsseldorfer Theaters an und für sich gebilligt habe, die Art und Weise desselben aber umso weniger, als Du sie freiwillig und, wenn ich es sagen soll, etwas unbedacht übernommen hattest ...«.

Der Abschied von Düsseldorf fiel Mendelssohn deswegen nicht schwer, weil er im Januar 1835 das Angebot erhalten hatte, die Leitung der Leipziger Gewandhauskonzerte zu übernehmen. Schon im Herbst 1835 konnte er die Stelle antreten. Hier war der jetzt 26jährige Mendelssohn in seinem Element. Unter seiner Stabführung (er war der erste Gewandhauskapellmeister, der einen Taktstock benutzte) gehörten die Gewandhauskonzerte bald zu den musikalischen Höhepunkten Europas.

Der Tod seines Vaters im November 1835 traf Mendelssohn tief. Nach seinen Worten war der Vater ihm nicht nur »Lehrer in der Kunst und im Leben« gewesen, sondern auch sein »einziger Freund während der letzten Jahre«. Abraham Mendelssohn starb mit 58 Jahren an einem Schlaganfall innerhalb weniger Stunden. Zuvor soll er gesund gewesen sein, was aber nur bedingt richtig ist, denn er war, als er starb, fast blind. Welche Krankheit der Blindheit zugrunde lag, ist nicht bekannt. Die Erblindung war schnell progredient geworden. Im März hatte Fanny darüber an Felix geschrieben: »Vater wird höchstwahrscheinlich dieses Jahr noch nicht operiert werden können, obgleich das Übel seit einigen Monaten bedeutende Fortschritte gemacht hat ...«

Im März 1836 erhielt Mendelssohn die Ehrendoktorwürde der Philosophischen Fakultät der Universität Leipzig. Im Mai desselben Jahres leitete er wiederum das Niederrheinische Musikfest in Düsseldorf und brachte dabei unter großem Beifall sein Oratorium »Paulus« zur Uraufführung. Den August verbrachte er mit seinem Freund, dem Düsseldorfer Maler Wilhelm von Schadow (1788–1862) im Seebad Scheveningen in Holland. Dort zog er sich eine Verletzung am Fuß zu, über die er am 18. August an Ferdinand Hiller schreibt: »Sonderbar ist's, dass ich mir auch seit acht bis zehn Tagen den Fuss im Bade verletzt habe (freilich weniger als Du, nur versprungen) und seit der Zeit mühsam umherhinke«. Am 27. August

Felix Mendelssohn Bartholdy, Zeichnung von Wilhelm Schadow 1834.
Staatsbibliothek Preußischer Kulturbesitz.

Cécile Mendelssohn Bartholdy geb. Jeanrenaud (1817–1853).
Bleistiftzeichnung von W. Hensel, Nationalgalerie Berlin,
Staatliche Museen Preußischer Kulturbesitz.

war der Fuß immer noch nicht in Ordnung, denn er teilt Hiller an diesem Tag mit: »Ich muss mir heute par ordre de moufti (chirurgien) Blutegel an meinen dummen Fuss setzen und deshalb morgen noch hierbleiben und mich ruhig halten; es wäre zu arg, wenn ich nach Frankfurt käme und das Zimmer hüten müsste«. Am ehesten lag dabei eine Bänderzerrung, eine sog. Verstauchung vor, da Mendelssohn von »nur versprungen«, also nicht von einer Wunde spricht.

Mendelssohns Besuch in Frankfurt hatte wichtige Gründe: Er fuhr dorthin, um sich mit Cécile Jeanrenaud (1817–1853), der Tochter eines verstorbenen Predigers, zu verloben. Es war beileibe nicht Mendelssohns erste Liebe; er hatte zuvor schon mehrere Liebschaften gehabt. Eric Werner erwähnt in seiner neuen Mendelssohn-Biographie ein Verhältnis mit einer »malerisch veranlagten« Freundin Rosens, bei der er auch Glück hatte. Weiterhin bestanden enge Beziehungen zu einer verwitweten Aristokratin, deren »physisch orientierter Eros« ihm auf die Dauer aber nicht genügte. Auch mit der Liederkomponistin Josephine Lang soll er eine heftige Liebesbeziehung gepflegt haben.

Cécile Jeanrenaud war auffallend schön. Besonders wurden ihr Liebreiz und ihr vornehmer Charakter gerühmt. Sie war jedoch nicht besonders geistvoll und auch nicht von großer Musikalität. Der Familie Mendelssohn, besonders Fanny, war sie zu ungeistig, weshalb man sich ihr gegenüber lange distanziert verhielt. Zur Hochzeit, die am 28. März 1837 stattfand, waren die nächsten Angehörigen von Felix denn auch nicht erschienen. Man arrangierte sich aber, und Mendelssohn wurde ein glücklicher Ehemann. Ihm genügte Cécile voll und ganz als Frau, die ihm in den nächsten Jahren fünf Kinder gebar. Die Leipziger Jahre von 1837–1840 waren durchaus harmonisch.

Es entstanden unter anderem mehrere Kammermusikwerke, darunter drei Streichquartette.

Um Mendelssohns Gesundheit war es zu dieser Zeit nicht schlecht bestellt. Seine Kopfschmerzen machten sich zwar immer wieder bemerkbar, aber sonst blieb er von ernstlichen Krankheiten weitgehend verschont. Von seinem Leistungsabfall, der sich ab 1840 einstellte, ist noch nichts zu merken. Sein schöpferischer Impuls erfuhr allerdings keine Weiterentwicklung. Im Gegensatz etwa zu Mozart oder Schubert drang Mendelssohn bei seinen Kompositionen in keine neuen Dimensionen vor. Den Höhepunkt hatte er schon mit zwanzig Jahren erreicht.

Geradezu panische Angst hatte Mendelssohn davor, zu ertauben. Da er für Erkältungskrankheiten anfällig war, litt er des öfteren unter Ohrenschmerzen oder »zugefallenen Ohren«, wie man sie bei Tubenkatarrhen findet. Im Januar 1835 klagt er gegenüber Klingemann: »Hier ist alles wohl und munter bis auf mich selbst, da ich seit 14 Tagen ein wenig, seit 6 Tagen sehr stark an meinen Ohren leide, was mich aber mehr herunterbringt und verstimmt als solche Kleinigkeit sollte ... Da ist nun mein linkes Ohr wie zugestopft und ich höre das Orchester nur ganz gedämpft und leise. Und da ist das Dirigieren eine Pein, und ich kann mich immer des Gedankens nicht erwehren, was ich anfangen soll, wenn ich taub würde, worüber mich freilich der Arzt auslacht und sagt, es sei ein versteckter Schnupfen«. Wie sich Elise Polko erinnerte, soll Mendelssohn beim Niederrheinischen Musikfest 1839 bei einer Probe zu Händel's Messias plötzlich vom Flügel aufgesprungen sein und heftig erregt und ängstlich ausgerufen haben: »Ich werde taub«. Man holte sogleich einen Arzt, der Mendelssohn beruhigte.

Zwischenfall im Rhein 1840

Am 17. Juni 1840 schrieb Mendelssohn an die Ehefrau von Ignaz Moscheles: »Seit einiger Zeit fühle ich mich nämlich von dem fortwährenden Musikdirigieren und Aufführen so übermüdet und abgespannt, daß mir der Arzt mehrere Monate Ruhe anrät«. Und Klingemann klagt er in einem Brief vom 21. Juli 1840: »Meine Gesundheit war garnicht recht fest in den letzten Monaten, ich fühlte mich angegriffen und ermüdet und der Arzt riet mir entschieden von der englischen Reise ab.« Gemeint ist damit die Reise zum Birminghamer Musikfest im September 1840. Mendelssohn wollte aber unbedingt dorthin fahren und suchte deswegen zuvor im Sommer, zusammen mit Cécile, einige Wochen Erholung in Bingen am Rhein. Hier kam es zu dem schweren und beinahe tödlichen Zwischenfall beim Schwimmen im Fluß.

Mendelssohn, ein geübter Reiter und Schwimmer, nutzte die Gelegenheit des Aufenthalts in Bingen, um im Rhein zu baden. Dabei wurde er eines Tages, als er mitten im Rhein schwamm, plötzlich bewußtlos und wäre ertrunken, wenn ihn nicht ein Fährmann aus dem Wasser gezogen hätte. Die Bewußtlosigkeit war nicht nur vorübergehender Natur, sondern hielt mehrere Stunden an und wurde von Krämpfen begleitet. Als Mendelssohn wieder zu sich kam, litt er unter allgemeiner Schwäche und stärksten Kopfschmerzen, die erst im Laufe von zwei Wochen abebbten. Seinem Freund Klingemann schildert er die Ereignisse so: »Du hast von Novello das Ungemach erfahren, das mich so sehr zur Unzeit befallen hat. An einem der schlimmsten Leidenstage kam Dein lieber herrlicher Brief und tat mir wohler wie die beste Arznei; Cécile las ihn mir vor, bis ich ihn selbst wieder lesen durfte. So habe ich denn auch einmal erfahren, was ernstlich kranksein heisst; und zwar fühle ich es an der so langsamen Genesung und der sehr grossen Schwäche fast mehr als an den Schmerzen der ersten Tage, so schlimm die auch waren. Nun, dem Himmel sei Dank, mir wird wieder kräftiger und besser, und ich hoffe fest, in 3–4 Tagen abreisen zu können ... Meine Krankheit war übrigens durch ein kaltes Bad im Flusse entstanden; so heftige Kongestionen nach dem Kopfe, dass ich viele Stunden bewusstlos und krampfhaft dalag und der Arzt meinte, es könnte auch vorbei sein. Darauf habe ich 14 Tage jämmerliche Kopfschmerzen gehabt und erst jetzt wie gesagt, fühle ich die entschiedene gänzliche Besserung ...«

Was Mendelssohn hier schildert, ist weit mehr als ein flüchtiger Bewußtseinsverlust bei einer Durchblutungsstörung des Gehirns. Ein solcher hätte nur Sekunden bis Minuten gedauert und wäre ohne Folgeerscheinungen vorübergegangen. Bei ihm hielt die Bewußtlosigkeit jedoch »über viele Stunden« an und war von Krämpfen begleitet. Als das Bewußtsein wiederkehrte, stellten sich wochenlang anhaltende stärkste Kopfschmerzen ein. Eine derartige Symptomatik kann nur durch einen organischen Prozeß im Gehirn ausgelöst worden sein. Obwohl Mendelssohn sich anschließend erstaunlich schnell erholte und das Birminghamer Festspiel gut überstand, nahmen seine Energie und Tatkraft von da an während der folgenden Jahre kontinuierlich ab. Dabei war Mendelssohn noch nicht einmal Mitte dreißig, stand also in einem Alter, in dem der biologische und schöpferische Höhepunkt im Leben eines Mannes noch bevorsteht. So ist es auch unsinnig zu sagen, Mendelssohn habe sich in frühen Jahren physisch und psychisch bereits verausgabt. Bei einem gesunden Menschen gibt es das in diesem Alter nicht!

Mendelssohns Leipziger Wohnung, Aquarell von Felix und Cécile Mendelssohn Bartholdy 1840.
Staatsbibliothek Preußischer Kulturbesitz, Mendelssohn-Archiv.

Mendelssohn-Denkmal vor dem Gewandhaus in Leipzig.
Bildarchiv Preußischer Kulturbesitz.

Leipzig und Berlin 1841–1847

Nach der Rückkehr von England ging Mendelssohns Leben in Leipzig zunächst in gewohnter Weise weiter. Von Januar bis März 1841 trat er neunmal öffentlich auf, mit seiner Gesundheit stand es aber nicht mehr zum besten. Ende Februar teilte er seinem Freund Julius Schubring mit: »Aber seit acht Tagen ist wieder eine solche Mattigkeit über mich gekommen, dass ich wie gesagt das alte Lied singen würde, gerade wie vor einem Jahr«. Trotzdem folgte er, wenn auch nach einigem Zögern, der Aufforderung des preussischen Königs, als Leiter der Sektion Musik der Akademie der Künste nach Berlin zu kommen. Damit begann für ihn ein Doppelleben, denn er behielt seine Position als Leiter der Gewandhauskonzerte in Leipzig bei, auch die Familie blieb dort zurück. In Berlin wohnte er im elterlichen Haus. Bei der Mentalität Mendelssohns mußte das Berliner Projekt scheitern. Es stellten sich schnell Schwierigkeiten bürokratischer Art ein, und so gab er die Position schon 1842 wieder auf und kehrte im Herbst ganz nach Leipzig zurück. Zuvor hatte ihm der König von Preußen die Friedensklasse des Ordens Pour le Mérite verliehen, die 1842 gestiftet worden und dessen erster Träger Mendelssohn war.

In Leipzig bereitete Mendelssohn die Gründung eines Konservatoriums vor, das am 3. April 1843 eröffnet wurde. Zehn Tage später ernannte ihn die Stadt Leipzig zu ihrem Ehrenbürger. 1892 errichtete man auch vor dem Gewandhaus ein Denkmal für ihn. Die Nationalsozialisten rissen es in einer Nacht- und Nebelaktion 1936 nieder.

Als der preußische König erneut an Mendelssohn herantrat, um ihn als Leiter der königlichen Kapelle in Berlin zu binden, sagte er zu und siedelte mit seiner ganzen Familie nach Berlin über. Aber auch diesesmal wurde er dort nicht glücklich. Schon Ende 1844 kehrte er Berlin den Rücken und ließ sich vorübergehend in Frankfurt am Main nieder. Als er neuerlich eine Berufung als Leiter der Gewandhauskonzerte in Leipzig erhielt, nahm er an und blieb bis zu seinem Tode dort. Sein Amt als Dirigent der Gewandhauskonzerte füllte er aber bald nicht mehr voll aus. Aktivität und Energie gingen zurück und machten einer gesteigerten Reizbarkeit, Nervosität und zunehmenden Kopfschmerzen Platz. Mendelssohn litt unter der Sucht nach Ruhe und Zurückgezogenheit. Er klagte darüber, daß ihn alles anstrenge, und so überließ er von den zwanzig während einer Saison anfallenden Gewandhauskonzerten die Hälfte seinem Vertreter, dem als Komponisten nicht unbekannten Niels W. Gade (1817–1890). Auch den Unterricht im Konservatorium gab er auf. In seinen »Erinnerungen an Mendelssohn« schreibt Devrient, der ihn im Februar 1846 wiedersah: »Felix unablässig fleissig, nach meiner Meinung zu angestrengt um nicht für die Ausdauer seiner Gehirnnerven ... Besorgnis zu erregen. In diesen zwei Tagen, die ich mit Felix verlebte, wurde ich der Veränderung deutlich gewahr, die mit der Grundstimmung seines Seelenlebens vorgegangen war. Die blühende, jugendfrische Heiterkeit war einem gewissen Überdruss, einer Erdenmüdigkeit gewichen, welche die Dinge anders wiederspiegelt als sonst. Seine Direktion der Konzerte, alles was Geschäftliches darin hing belästigte ihn unerträglich. Das Conservatorium freute ihn nicht mehr, er gab den Klavierunterricht an Moscheles ab.«

Im Sommer 1846 verbot der Arzt Mendelssohn wegen seiner zunehmenden Reizbarkeit und der häufiger werdenden Kopfschmerzen das öffentliche Auftreten. Das hinderte Mendelssohn allerdings nicht daran, nochmals nach London zu reisen, um dort seinen »Elias« zu dirigieren. Danach ging der Verfall rasch voran. Am 6. Dezember 1846 äußerte Mendelssohn Klingemann gegenüber: »Endlich klage ich auch mich selbst an, weil mir das Dirigieren und gar das Spielen geradezu zuwider geworden ist.«

Im März 1847 dirigierte er zum letztenmal ein Gewandhauskonzert, und am 2. April leitete er eine Aufführung seines »Paulus«. Wie Lampadius berichtet, konnte Mendelssohn nur noch mit Mühe dazu bewogen werden, die letzten Proben und die Aufführung zu leiten. Er klagte häufig über heftige Kopfschmerzen; Todesfurcht und Todesahnungen quälten ihn. So äußerte er, er wolle die ihm gegebene Zeit noch zum Komponieren benutzen. An Klingemann schrieb er: »Ich habe nur immer den einen Gedanken, wie kurz die Lebenszeit sei.«

Einmal noch lockte es ihn nach London. Dort dirigierte er drei Aufführungen des »Elias«. Dann aber nahm das Schicksal unerbittlich seinen Lauf. Auf der Rückreise von England machte Mendelssohn in Frankfurt Station. Als man ihm die Nachricht vom plötzlichen Tod seiner Schwester Fanny überbrachte, stürzte er mit einem Aufschrei zusammen und blieb längere Zeit reglos liegen.

Die Schwester Fanny

Bevor wir uns Mendelssohns letzten Lebensmonaten zuwenden, müssen wir einen Augenblick bei seiner Schwester Fanny verweilen: Ihr Leben gehört biographisch und pathographisch zu dem ihres Bruders. Vier Jahre älter als er, war sie Zeit ihres Lebens seine Beraterin in allen musikalischen Dingen, weswegen er sie seinen »Kantor mit den dicken Augenbrauen« nannte. So ist es gewiß nicht übertrieben, wenn Fanny einmal schrieb: »Er hat keinen musikalischen Ratgeber als mich, auch sendet er nie einen Gedanken aufs Papier ohne ihn mir vorher zur Prüfung vorgelegt zu haben«. Umso erstaunlicher ist es, daß der Bruder Fannys kompositorisches Schaffen so wenig förderte, obwohl er einige ihrer Kompositionen sogar unter seinem Namen publizierte, so einige Lieder in seinem Opus 8 und 9. Verständlich erscheint das nur, wenn man die soziale Stellung der Frau zur damaligen Zeit und dazu noch in der jüdischen Familientradition berücksichtigt. Die Eltern ließen Fanny zwar eine erstklassige Erziehung und musikalische Ausbildung zukommen, sie war aber nur für den häuslichen Kreis und nicht für eine Karriere bestimmt. Vater Abraham schrieb Fanny 1828: »Du musst Dich ernster und emsiger zu Deinem eigentlichen Beruf, zum einzigen Beruf eines Weibes, zur Hausfrau, bilden ...«. Und gerade das fiel Fanny schwer, denn sie litt unter ihrer »elenden Weibsnatur jeden Tag, auf jeden Schritt seines Lebens von den Herren der Schöpfung vorgehalten«. Erst vor zwanzig Jahren entdeckte man, daß sie einen großen Teil ihrer Kompositionen heimlich geschrieben hatte, um nicht den Unwillen der Familie, besonders des Vaters, zu erregen. Die Sichtung und Bewertung ihrer zahlreichen Orchester-, Kammermusik- und Klavierwerke steht noch aus.

Auch als Pianistin soll Fanny hervorragend gewesen sein. Es liegen Zeugnisse vor, daß sie zumindest Clara Schumann gleichwertig war. Von vorne herein wurden ihr aber Schranken gesetzt, da es für sie nicht als schicklich galt, in der Öffentlichkeit aufzutreten. So ließ sie sich fast nur in privaten Zirkeln hören. Am besten konnte sie sich in den »Sonntagsmusiken« im Hause Mendelssohn in Berlin Geltung verschaffen. Hier durfte sie als Komponistin, Pianistin und als Dirigentin eines von ihr gegründe-

Fanny und Wilhelm Hensel, Stahlstich.
Aus: Die Mendelssohns in Berlin, Ausstellung des Mendelssohn-Archivs der Staatsbibliothek Preußischer Kulturbesitz, Berlin 1984.

Fanny Hensel auf dem Totenbett.
Bleistiftzeichnung von W. Hensel. Staatsbibliothek Berlin, Mendelssohn-Archiv.

ten Chors wirken. Während einer Probe zu einer Sonntagsmusik ereilte sie auch ihr Schicksal.

Fanny, die zu den außergewöhnlichen Frauen des letzten Jahrhunderts gehört, war klein, dicklich und an der Schulter etwas verwachsen, ein Erbteil ihres Großvaters Moses. Sie galt nicht als besonders schön, aber ihr Wesen muß einnehmend gewesen sein, wenngleich sie auch scharf in Wort und Urteil und herrisch sein konnte. Verständlicherweise gab es Spannungen zwischen ihr und der weniger geistvollen aber schöneren Cécile. Es soll mit ein Grund dafür gewesen sein, daß zwischen Bruder und Schwester in den letzten Lebensjahren nicht mehr die vollkommene Übereinstimmung herrschte wie zuvor. So ganz unglücklich war Fanny aber trotz alledem nicht. Sie wußte sich in ihre Rolle innerhalb der Familie zu fügen, und als sie nach einer von den Eltern auferlegten fünfjährigen Probezeit endlich den Maler Wilhelm Hensel (1794–1861) heiraten durfte, begann ein harmonisches Eheleben.

Fanny war anfällig gegenüber Bronchial- und Rachenkatarrhen, wie aus ihren Briefen hervorgeht. Darin ist öfters von »Hustenkonzerten« und »Heiserkeit« die Rede. Zwei Fehlgeburten sind wohl mit der Grund dafür, daß aus der Ehe nur der Sohn Sebastian (1834–1898) hervorging, der später durch sein zweibändiges Werk »Die Familie Mendelssohn« bekannt geworden ist.

Der Tod kam überraschend. Ihre letzten Stunden werden von verschiedener Seite ziemlich übereinstimmend geschildert. Felix schreibt darüber an Klingemann am 3. Juni 1847: »Fanny war nicht krank und nicht leidend. Sie war nie so wohl wie in der letzten Zeit und den letzten Tagen ihres Lebens. In einer Probe zu ihrer Sonntagsmusik, während sie den Chor »Es lacht der Mai« singen ließ und begleitete, fühlte sie sich unwohl, ging aus dem Zimmer und als Paul 3/4 Stunden darauf kam, fand er sie schon ganz ohne Bewußtsein, und vier Stunden später lebte sie nicht mehr.« Devrient erinnert sich so: »Im vollen Wohlsein und heitersten Leben hatte sie am Nachmittage des 14. Mai im Gartensaale eine Gesangsprobe zur nächsten Sonntagsmusik veranstaltet. Unvorbereitet fühlte sie auf einmal ihre Hände auf den Tasten des Claviers absterben*, musste einem musikalischen Freunde ihren Platz am Flügel abgeben. Man probierte fort an den Chören der »Walpurgisnacht«; sie hörte aus dem dritten Zimmer durch die geöffneten Thüren zu, indessen sie die Hände in heissem Essigwasser badete. »Wie schön klingt es« sagte sie, wunderbar erfreut, wollte in den Musiksaal zurück, als eine zweite und allgemeine Lähmung eintrat, das Bewusstsein schwand und sie nachts um elf Uhr ausgeathmet hatte.« Sebastian Hensel gibt die Ereignisse fast ebenso wieder. Wilhelmine Hensel, die Schwester Wilhelms, nennt als Zeitpunkt der ersten Lähmungserscheinungen 18 Uhr.

Die geschilderte Symptomatik spricht eindeutig für einen »Schlaganfall« infolge einer Massenblutung ins Gehirn, eine Diagnose, die auch damals gleich gestellt wurde. Die Hintergründe der Massenblutung blieben jedoch unklar. Es wird darauf noch im Zusammenhang mit der Diskussion um die Todesursache des Bruders Felix einzugehen sein.

Durch Fannys Tod erfuhr das Leben Wilhelm Hensels einen Bruch, von dem er sich nie mehr erholte. Es stimmt allerdings nicht, wie es lange behauptet wurde, daß mit den Zeichnungen von Fanny und später Felix auf dem Totenbett seine künstlerische Produktivität ganz erloschen

* Nach erst jetzt aufgefundenen Dokumenten hatte sich Fanny schon 1843 wegen »Taubheit in den Händen« in ärztliche Behandlung begeben (E. Weissweiler: Fanny Mendelssohn, Ullstein Taschenbuch, 1985).

Luzern, Aquarell von Felix Mendelssohn Bartholdy, Juli 1847.
Staatsbibliothek Berlin, Mendelssohn-Archiv.

Felix Mendelssohn Bartholdys Studierzimmer in seiner letzten Leipziger Wohnung. Aquarell von Ignaz Moscheles. Aus E. Wolff: Mendelssohn Bartholdy, Harmonie Verlag, Berlin 1909.

sei. Er schuf noch Hunderte von Zeichnungen, zu größeren Gemälden konnte er sich jedoch nicht mehr aufraffen.

Bleibt noch ein Wort über die Schwester Rebekka und den Bruder Paul zu sagen. Rebekka starb ebenfalls früh, im Alter von 47 Jahren. Ähnlich wie bei Fanny und Felix soll ein Schlaganfall vorgelegen haben. Ein Urteil darüber läßt sich jedoch nicht abgeben, ehe der Nachlaß Rebekkas, der in der Humboldtuniversität in Ostberlin ruht, ausgewertet ist. Aus den Briefen von Fanny, die sie 1845 von einem gemeinsamen Aufenthalt in Florenz nach Hause schrieb, geht hervor, daß Rebekka damals an einer »Schwangerschaftscholestase« (Gelbsucht während der Schwangerschaft mit starkem Juckreiz) litt, die charakteristischerweise nach der Geburt rasch verschwand.

Der Bruder Paul wurde 62 Jahre alt. Er starb 1874 nach längerem, nicht genau bekanntem Leiden.

Mendelssohns Tod

Mendelssohn erholte sich nach der Nachricht vom Tode seiner Schwester nicht mehr. Er erschien deutlich wesensverändert, sein Gang war schleppend und seine Haltung gebeugt. Nervosität und Reizbarkeit nahmen zu. Der sonst unermüdlich tätige Mendelssohn konnte aber auch, wie Hensel schreibt, »lange müssig sitzen und die Händen in den Schoss legen«. Ein wochenlanger Erholungsaufenthalt in der Schweiz brachte keine Besserung. Mendelssohn aquarellierte und zeichnete zwar und schrieb sein letztes, von Todesstimmung überschattetes Streichquartett op. 80. Nach seiner Rückkehr nach Leipzig war jedoch seine Resignation vollkommen. Er trat von der Leitung der Gewandhauskonzerte zurück und sagte auch eine Aufführung des »Elias« in Berlin ab. Nur eine

Aufführung des Oratoriums in Wien wollte er am 14. November leiten, aber dazu kam es nicht mehr.

Nachdem er sich am 8. Oktober nochmals an den Aufnahmeprüfungen im Konservatorium beteiligt hatte, trat am 9. Oktober eine dramatische Wende in seinem Befinden ein. Wir haben darüber Berichte von der Sängerin Livia Frege, von Elise Polko und dem Konzertmeister des Gewandhausorchesters Ferdinand David (1810–1873). Eindrucksvoll erzählt Livia Frege von den Ereignissen: »Als er eintrat waren seine Worte: »Ich komme heute und alle Tage bis Sie mir Ihre Zusage geben und nun bringe ich wieder die veränderten Stücke mit. Eigentlich ist mir aber miserabel zu Mute. – Ja, so dass ich neulich bei meinem Trio geweint habe ...«. Obgleich er sehr bleich aussah, musste ich ihm zum dritten Mal das erste Lied vorsingen ... Ich ging aus dem Zimmer um Lampen zu bestellen, als ich zurückkam, sass er im anderen Zimmer in der Sofaecke und meinte, er habe ganz kalte, steife Hände bekommen, er wolle doch vernünftig sein und lieber noch einmal um die Stadt laufen, denn er fühle sich zu schlecht, um gut Musik zu machen. Ich wollte ihm einen Wagen holen, aber er litt es nicht und ging, nachdem ich ihm Zuckerwasser und Brausepulver gegeben, etwa um halb sechs. Als er an die Luft kam, fühlte er, es sei besser, gleich nach Hause zu gehen, setzte sich dort in die Sofaecke, ward aber von Cécile um 7 Uhr wieder mit einem solchen Anfall abgestorbener Hände gefunden«. Elise Polkos Schilderung ist ähnlich, sie war aber keine direkte Zeugin der Ereignisse. Ferdinand David äußerte sich in einem Brief an den Komponisten William Sterndale Bennett (1816–1875) folgendermaßen über den 9. Oktober: » ...bis ihn dann bei Frau Frege, nachdem sie ihm seine neuesten Lieder, die alle melancholischen Inhalts sind, vorgesungen hatte, am Pianoforte das erste Unwohlsein befiel. Man machte anfänglich nicht viel daraus, obgleich die Symptome (eiskalte Hände und Füße, ausbleibender Puls, mehrstündiges Delirieren) allerdings bedenklich waren. Aber da er vor sieben Jahren schon einmal einen ähnlichen Anfall gehabt hatte, von dem er sich bald wieder erholte, so befürchteten wir alle nichts Schlimmes«. Beachtenswert ist bei den Ausführungen von David der Hinweis auf den Zwischenfall beim Baden im Rhein und die dabei auftretende gleiche Symptomatik.

In den folgenden Tagen litt Mendelssohn wieder unter starken Kopfschmerzen. Die Ärzte sprachen, neben einem »überreizten Nervenzustand« von einem »Magenleiden« und behandelten ihn mit dem Ansetzen von Blutegeln. Vorübergehend erholte sich auch Mendelssohn etwas, und man gestattete ihm am 28. Oktober einen Spaziergang. Unmittelbar danach brach er bewußtlos zusammen. Erst jetzt stellte der Arzt die Diagnose eines Schlaganfalls. Obwohl in den nächsten Tagen das Bewußtsein zwischenzeitlich aufklarte, war Mendelssohns Zustand hoffnungslos. Klingemann schreibt in seinem Buch über Mendelssohns letzte Tage, indem er sich auf die Erinnerungen von Cécile stützt: »Sie verliess sein Bett beinah nie. Paul Schleinitz [Advokat und Mitglied der Konzertdirektion in Leipzig] und der Bediente standen bei ihr, auch Ärzte wachten des nachts zuweilen. Wenn man sie manchmal zur Ruhe zwang, konnte sie sie nirgends finden, denn das Klagen und Schreien des armen Kranken hat man durch alle Zimmer gehört. Er litt die ärgsten Schmerzen im Kopf, und seine Adern klopften darin wie Hämmer ... Sein Arzt Dr. Hammer war bedenklich vom ersten Anfall an, und dieser kam schon am 9. Oktober, einen Tag vor Céciles Geburtstag, und von diesem Augenblick an hat auch die arme Cécile die tödlichste Angst nicht verlassen. Es waren gleich Schlaganfälle und keine blossen Ohnmachten ... Nach dem ersten Anfall war er zeitweise ganz wohl wieder, hatte guten Appetit und ging spazieren, war auch lustig manchmal, obgleich doch ganz verändert, schon seit dem Tode seiner Schwester Fanny. Neun Tage hat er im ganzen zu Bett zugebracht und seinen Zustand dem Arzte einmal so beschrieben: › Es ist als ob die einzelnen Teile meines Körpers Schach spielten; jetzt rückt eines vor und sagt zu dem anderen: Du bleibst zurück. Dann sagt der andere: Nun komme ich dran und so fort ...‹ Nach dem letzten Anfall, am 3. November nachmittags, soll er das Bewußtsein nicht wieder erlangt haben. Mit geschlossenen Augen und sehr schwerem Atem hat er ruhig bis zum Ende gelegen. Am Donnerstag, dem letzten Tag, schlug er die Augen auf, wenn sie ihn angeredet haben, und antwortete ja oder nein. Cécile sagt, er habe sie immer noch gekannt, so auch Schleinitz und Paul, und mit einem freundlich schmerzlichen Blick angesehen; die Medizin nahm er nur von ihnen, durchaus nicht von einem Wärter, den sie die letzten Tage hatten... In der vorletzten Nacht, sagt Cécile, habe er gesungen, dass ihnen das Herz brechen wollte. Der Arzt sagte ihm › musizieren Sie nicht so viel, das regt Sie auf‹. Da hörte er ein wenig auf und lächelte, dann fing er wieder an.«

Über die letzten Stunden teilte der Bruder Paul für Devrients Erinnerungsbuch mit, daß Felix noch am 3. November mittags »auf Stunden heiter« mit ihm gesprochen habe. Dann sei er wieder unruhiger geworden. »Gegen 2 Uhr«, schreibt Devrient, »kam Cécile in Angst um Paul zu rufen, weil sie den Kranken nicht zu beruhigen vermöge. Paul ging hinein und schalt ihn scherzhaft und Felix ging noch darauf ein. Plötzlich wurde er augenscheinlich durch einen furchtbaren Schmerz im Kopf emporgerissen, er stieß mit angstvoll aufgerissenem Munde einen scharfen Schrei aus und sank ins Kissen zurück. Es

Felix Mendelssohn Bartholdy auf dem Totenbett.
Bleistiftzeichnung von W. Hensel.

Die Trauerfeier für Felix Mendelssohn Bartholdy in der Paulinerkirche in Leipzig. Holzschnitt aus der »Leipziger Illustrierten« 1847.

war um ihn geschehen. Von nun an lag er im Taumelschlaf, antwortete nur noch ja oder nein und einmal auf Ceciliens zärtliche Frage: wie ihm sei? – »Müde, sehr müde«. So schlief er ruhig bis zum nächsten Morgen. Abends um 9 Uhr 24 Minuten, da stockte sein Atem, sein Leben war aus.«

Die ärztliche Betreuung Mendelssohns hatten Dr. Hammer, der Chirurg Walther und Hofrat Prof. Johann Christian August Clarus (1774–1854), Leiter der Medizinischen Klinik im Jacobsspital in Leipzig, inne. Wie Ignaz Moscheles berichtet, befand sich abwechselnd immer einer der Drei am Krankenbett. Als Konsiliarius wollte man zusätzlich den Berliner Professor Johann Lucas Schönlein (1793–1864) hinzuziehen. Er galt als bedeutender Kliniker, der durch die Beschreibung einer Blutkrankheit (Schönlein – Henochsche Purpura) Berühmtheit erlangt hat. Er ließ sich jedoch entschuldigen mit dem Hinweis, daß er »wegen einer Princess« nicht abkommen könne. Ausschlaggebend dürfte aber gewesen sein, daß er keinen Sinn mehr darin sah, die Reise nach Leipzig auf sich zu nehmen, denn er ließ mitteilen, »dass keine Hoffnung sei und der endliche Tod nach Wiederholung dieser Anfälle unvermeidlich« wäre.

Auf dem Totenbett soll Mendelssohn »so ruhig und schön als ob er schliefe« gelegen haben, berichtet Klingemann. Hensel zeichnete den toten Mendelssohn in seiner gewohnten idealisierenden Manier. Cécile folgte dem alten Brauch, dem Toten zum Andenken an Freunde und Bekannte einige Locken abzuschneiden. Eine davon besitzt der Verfasser. Das Haar ist heute noch leuchtend kastanienbraun.

Mendelssohns Leichnam wurde zunächst zu Hause aufgebahrt und am 7. November zur Trauerfeier in die Paulinerkirche überführt. Das Bahrtuch trugen Robert

Schumann, der Mendelssohn nahestand, der Dirigent Nils Gade als Vertreter der Gewandhauskonzerte, Ferdinand David, der Konzertmeister des Gewandhausorchesters und Ignaz Moscheles als Vertreter des Konservatoriums. Anschließend brachte ein Extrazug den Sarg nach Berlin. In verschiedenen Städten, so Halle und Dessau, wurde die Fahrt zu Huldigungen mit Fackelzügen und Chorgesang unterbrochen. Die Beisetzung erfolgte in der Berliner Familiengruft, wo Mendelssohn neben seiner Schwester Fanny seine letzte Ruhe fand.

Die Diagnose

Im Alter Mendelssohns ist ein Schlaganfall infolge einer Gehirnblutung ganz ungewöhnlich. Das wird von den Biographen, die immer von einem gehäuften Vorkommen von »Schlaganfällen« in der Familie Mendelssohn sprechen, nicht berücksichtigt. Medizinisch gesehen ist es etwas anderes, ob ein Mensch als 40jähriger oder erst jenseits der Fünfzig einem Schlaganfall erliegt.

Der »Schlaganfall« ist in der Regel die Folge einer Arteriosklerose der Hirngefäße. Wird ein arteriosklerotisch verändertes Hirngefäß brüchig, kommt es daraus zu einer Blutung, die sich klinisch als »Schlaganfall« zeigt, mit Lähmungen, Bewußtlosigkeit und anderen Symptomen. Sie können aber auch auftreten, wenn sich ein arteriosklerotisch verengtes Gefäß schließt und der entsprechende Gehirnbezirk nicht mehr durchblutet wird. Die Entwicklung der Arteriosklerose braucht Zeit. Man rechnet mit »Schlaganfällen« bei einer Arteriosklerose kaum vor dem 55.–60. Lebensjahr. Tritt die Arteriosklerose in jüngeren Jahren in Erscheinung, liegen ihr schwere Stoffwechselerkrankungen, wie z.B. eine Zuckerkrankheit oder Störungen im Fettstoffwechsel zu Grunde, oder sie ist durch eine schwere Hypertonie (Bluthochdruckleiden) bedingt. Für die Familie Mendelssohn ergibt sich somit das Problem, was die Schlaganfälle der einzelnen Familienmitglieder ausgelöst hat.

Moses und Abraham erreichten fast ein Alter von sechzig Jahren, Fanny wurde knapp über 40, und Felix starb schon als Achtunddreißigjähriger. Bei ihm ist auch eine längere Krankengeschichte vorhanden. Die Symptomatik in der Krankengeschichte von Felix ist so charakteristisch, daß sich daraus retrospektiv die Diagnose seiner zum Tode führenden Krankheit stellen läßt. Er litt an einem, wahrscheinlich angeborenen, Hirnaneurysma. Man versteht darunter eine kleine sackartige Erweiterung einer Arterie an der Basis des Gehirns. Durch den steten Strömungsdruck, der in diesen Bezirken besonders groß ist, buchtet sich die Erweiterung im Laufe der Zeit weiter aus und die Gefäßwand wird in diesem Bereich dünner und brüchig. Man kann sich das wie die Biegung eines Bachbetts vorstellen, dessen äußerer Rand vom Wasser langsam ausgehöhlt und unterspült wird. Erreicht die Ausbuchtung der Arterie eine gewisse Größe, kann es als erstes zu Druckerscheinungen auf das Gehirn kommen, die sich klinisch als Kopfschmerzen, Krämpfe und Bewußtseinsstörungen zu erkennen geben. Hält die Gefäßwand dem Druck des Blutes nicht mehr stand, kommt es zur Ruptur, d.h. das Gefäß platzt und das im Schwall daraus hervorströmende Blut ergießt sich in den das Gehirn umgebenden Liquorraum. Der Kranke stirbt in wenigen Stunden.

Das ist die eine Art des Verlaufs. Bei der zweiten treten durch die brüchige Gefäßwand rezidivierende Sickerblutungen aus, ehe es zu einer großen Blutung kommt; oder aber eine kleinere Blutung wird durch die Abwehrmechanismen des Körpers abgedichtet. An dem »Leck« in der Gefäßwand bildet sich ein Blutgerinnsel und stopft es zu, ähnlich wie man das bei einer blutenden Wunde beobachtet. In diesen Fällen sind die Symptome wie starke Kopfschmerzen, Bewußtseinstrübungen, Krämpfe und Bewußtlosigkeit nur passagère, der Kranke erholt sich nach Tagen oder Wochen wieder von dem Ereignis. Die Gefahr einer neuen Blutung, die oft nicht lange auf sich warten läßt, schwebt aber ständig über ihm.

Das führende klinische Symptom beim Hirnaneurysma ist der Kopfschmerz. Anhaltende oder rezidivierende Kopfschmerzen bei jungen Menschen sind immer auf ein Aneurysma verdächtig. Die tödliche Massenblutung macht sich durch einen plötzlichen intensiven Kopfschmerz bemerkbar, so als ob einem der Kopf platze. Oft fallen die Kranken dann mit einem Aufschrei zu Boden und werden sofort bewußtlos.

Betrachtet man die genannte Symptomatik des angeborenen Hirnaneurysmas, so fügt sich Mendelssohns Krankengeschichte darin zwanglos ein. Zunächst litt er an intermittierenden Kopfschmerzen, die später stärker und länger anhaltend wurden. Dazu kamen Nervosität und Reizbarkeit. Beim Schwimmen im Rhein kam es dann 1840 zu dem lebensbedrohlichen Zwischenfall mit stundenlanger Bewußtlosigkeit, Krämpfen und danach wochenlang anhaltenden nur langsam abklingenden Kopfschmerzen. Hier war es wahrscheinlich erstmals zu einer Blutung gekommen, die aber bald wieder stand. Sie hinterließ jedoch ihre Spuren, denn nunmehr setzte eine langsame Wesensveränderung mit nachlassendem schöpferischen Impuls ein und die Kopfschmerzen wurden zum ständigen Begleiter Mendelssohns. Vielleicht waren es die Aufregungen über Fannys Tod, die zur Auslösung der endgültigen Katastrophe beitrugen. Sie kündigte sich am 9. Oktober 1847 bei dem Besuch bei Livia Frege endgültig an. Am 28. Oktober brach Mendelssohn bewußtlos zusammen, und nach einem Auf und Ab von Verwirrtheitszuständen, Somnolenz und klaren Momenten, stieß er am 3. November einen Aufschrei aus, »augenscheinlich durch einen furchtbaren Schmerz im Kopf« bedingt, verlor die Besinnung und war wenige Stunden später tot.

Es gibt kein Krankheitsbild, dem diese Symptomatik charakteristischer zuzuordnen wäre als dem angeborenen Gehirnaneurysma. Sie paßt viel weniger zu einem Gehirntumor oder einem Bluthochdruckleiden welcher Ursache auch immer, vor allem fehlen andere Symptome, wie etwa Sehstörungen, Oedeme oder Zeichen der Urämie (Nierenvergiftung).

Die Diagnose einer Aneurysmablutung als Ursache von Mendelssohns frühem Tod ist nicht ganz neu. Der Verfasser hat sie schon 1959 gestellt und unabhängig von ihm der englische Arzt R. Stendale Bennett 1955 aufgrund des Briefes von Ferdinand David an William Sterndale Bennett, worin dieser auch den Zwischenfall im Rhein erwähnt.

Konnte man die Diagnose einer Aneurysmablutung zur Zeit Mendelssohns stellen? Theoretisch war das möglich, denn das Krankheitsbild war schon von dem berühmten Giovanni Battista Morgagni (1682–1771), den man auch den »Vater der pathologischen Anatomie« nennt, beschrieben worden, und zwar in seinem 1761 erschienenen Werk: »De sedibus et causis morborum per anatomen indagatis libri quinque«.

Diese Beschreibung hatte aber für die Praxis noch keine Bedeutung, da sich die von Morgagni an der Leiche beschriebenen Befunde mit den Symptomen beim Lebenden noch zu wenig koordinieren ließen. Erst 12 Jahre nach Mendelssohns Tod erschien eine Publikation des englischen Arztes Sir William Withey Gull (1816–1890), in der er die Aufmerksamkeit auf das Hirnaneurysma lenkte. Er schrieb 1859: »Wenn junge Menschen unter den Zeichen einer an Schwere zunehmenden Apoplexie versterben ... dann ist das Vorliegen eines Aneurysmas wahrscheinlich.« Man wird somit nicht annehmen können, daß die Ärzte Mendelssohns differentialdiagnostisch eine Aneurysmablutung in Erwägung gezogen haben.

Wie läßt sich die Gehirnblutung der Schwester Fanny einordnen? Da die Krankengeschichte Fannys ziemlich leer ist, gestaltet sich die Aussage schon von daher schwieriger. Beim Vorliegen eines Aneurysmas käme bei ihr nur die Form mit stummer Anamnese und plötzlicher massiver Blutung infrage. Es spricht einiges dafür, daß das der Fall sein konnte. Fanny wurde nur drei Jahre älter als ihr Bruder, und von einem chronischen Hochdruckleiden oder einer anderen Grunderkrankung finden sich keine Symptome. Es ist aber noch etwas ganz anderes, was bei ihr für die Möglichkeit einer Aneurysmablutung spricht, und das ist das familiär gehäufte Auftreten dieser Gefäßanomalie. Mehrfach wurden Familien beschrieben, in denen sich Gehirnblutungen durch Aneurysmen über Generationen nachweisen lassen.

Wie sind die »Schlaganfälle« von Moses und Abraham Mendelssohn zu beurteilen? Hierbei ist vor allem das weit höhere Alter zu berucksichtigen. Beide waren, als sie starben, etwa 20 Jahre älter als Felix, hatten somit ein Lebensalter erreicht, in dem Gehirnblutungen aus anderer Ursache, vor allem infolge einer Gehirnarteriosklerose, auch heute nicht ungewöhnlich sind. Ob die Erblindung Abrahams Ausdruck einer generalisierten Grunderkrankung oder durch ein Glaukom (Grüner Star) bedingt war, ist nicht zu entscheiden. Die Diagnose neigt sich gegenwärtig dahin, daß Vater und Großvater aus anderer Ursache ihre tödliche Gehirnblutung erlitten als Felix und Fanny.

Ungewißheit herrscht noch über die Todesursache von Rebekka, die im Alter von 47 Jahren starb. Hierzu müßten erst die Unterlagen, die sich in der Humboldt-Universität in Ostberlin befinden, ausgewertet werden. Der Bruder Paul wurde knapp 62 Jahre alt. Seinem Tod ging ein längeres, nicht näher bekanntes Leiden voraus.

Moses, Abraham und Fanny Mendelssohn hatten einen glücklichen Tod. Felix, dem das Schicksal so viel Glück in die Wiege gelegt zu haben schien, hatte viel Schmerzen und Leid zu ertragen, ehe ihn der Tod erlöste. Sein Leben ist von echter Tragik überschattet.

Literatur

Bartels, B.: Felix Mendelssohn Bartholdy. Mensch und Werk. Hannover 1947.

Devrient, E.: Meine Erinnerungen an Felix Mendelssohn Bartholdy, Leipzig 1872.

Feder, G.: Zu Felix Mendelssohn Bartholdys geistlicher Musik. In: Religiöse Musik in nicht-liturgischen Werken von Beethoven bis Reger. Hrsg. v. W. Wiora, Regensburg 1978.

Franken, F.H.: Felix Mendelssohn Bartholdys früher Tod. In: Das Leben großer Musiker im Spiegel der Medizin. Enke, Stuttgart 1959.

Franken, F.H.: Krankheit und Tod großer Komponisten. G. Witzstrock, Baden-Baden, Köln, New York 1979.

Grove, G.: Beethoven, Schubert, Mendelssohn. London 1951.

Grove, G: Mendelssohn. Dictionary of Music and Musicians. Vol. V, London 1954.

Hensel, S.: Die Familie Mendelssohn. 2 Bde. Berlin 1879.

Hensel, W.: Preußische Bildnisse des 19. Jahrhunderts. Zeichnungen von W. Hensel. Ausstellungskatalog Nationalgalerie Berlin Staatl. Museen Preußischer Kulturbesitz 1981.

Hiller, F.: Briefe und Erinnerungen. Köln 1874.

Klingemann, K.: Felix Mendelssohn Bartholdys Briefwechsel mit Legationsrat Karl Klingemann in London. Essen 1909.

Köhler, K.H.: Felix Mendelssohn Bartholdy. Reclam Leipzig 1966.

Kupferberg, H.: The Mendelssohns. Three Generations of Genius. New York 1972.

Lampadius, W.A.: Felix Mendelssohn Bartholdy, ein Gesamtbild seines Lebens. Leipzig 1886.

Lobe, S.Ch.: Ein Quartett bei Goethe. Erinnerung aus Weimars großer Zeit. In: Die Gartenlaube 1 (1876).
Mendelssohn Bartholdy, F.: Briefe. Hrsg. v. R. Elvers. Fischer Taschenbuchverlag, Frankfurt 1984.
Mendelssohn Bartholdy, P.: Briefe Felix Mendelssohn Bartholdys aus den Jahren 1830–47. Leipzig 1899.
Moscheles, I.: Aus Moscheles Leben. Nach Briefen und Tagebüchern. Hrsg. v. seiner Frau. Leipzig 1872.
Moscheles, F.: Briefe von Felix Mendelssohn Bartholdy an Ignaz und Charlotte Moscheles. Leipzig 1888.
Polko, E.: Erinnerungen an Felix Mendelssohn Bartholdy. Leipzig 1868.
Ranft, P.: Felix Mendelssohn Bartholdy. Eine Lebenschronik. Leipzig 1972.
Reich, W.: Felix Mendelssohn. Manesse, Zürich 1970.
Reissmann, A.: Felix Mendelssohn Bartholdy. Berlin 1872.
Schubring, J.: Briefwechsel zwischen Felix Mendelssohn Bartholdy und J. Schubring. Leipzig 1892.
Sterndale-Bennett, R.: The Death of Mendelssohn. In: Music and Letters 36, 1955.
Weissweiler, E.: Komponistinnen aus 500 Jahren. Fischer Taschenbuchverlag, Frankfurt 1981.
Weissweiler, E.: Fanny Mendelssohn. Italienisches Tagebuch. Societätsverlag, Frankfurt 1982.
Werner, E.: Mendelssohn, Leben und Werk in neuer Sicht. Atlantis, Zürich-Freiburg 1980.
Wolff, E.: Felix Mendelssohn Bartholdy. Eine Musikerbiographie. Berlin 1901.
Worbs, H.Ch.: Mendelssohn Bartholdy. Rowohlt, Hamburg 1976.

Frédéric Chopin

(1810–1849)

Einleitung

Die Krankheit, deren Opfer Frédéric Chopin mit 39 Jahren wurde, stellt eine alte Geißel der Menschheit dar: Die Lungentuberkulose. Die Diagnose ließ sich schon damals stellen, und so gibt es keinen Zweifel daran. Eine wirksame Behandlung war jedoch nicht möglich, der Tuberkulosekranke ging, wenn seine Abwehrkräfte nicht ausreichten, langsam und qualvoll zu Grunde. In Chopin haben wir ein Beispiel dafür, was es bis zur Mitte unseres Jahrhunderts bedeutete, tuberkulosekrank zu sein. Zwar gab es zu seiner Zeit noch nicht die zahlreichen abgelegenen Heilstätten, in die man die Kranken abschob, aber der von Tuberkulose Befallene galt, sobald sich Symptome wie dauernder Husten und Blutspucken einstellten, als eine Art Aussätziger. Man wußte um die hohe Ansteckungsgefahr, obwohl man den Erreger der Krankheit noch nicht kannte.

Seitdem wir die Tuberkulostatika zur Hand haben und sich die Tuberkulose durch einige Tabletten täglich heilen läßt, hat man schnell vergessen, wie noch vor 30 Jahren die Schicksale der unzähligen Tuberkulosekranken aussahen. Man muß schon in alten Lehrbüchern oder Romanen herumstöbern, wenn man sich ein Bild darüber machen will. Wenn heute einem Patienten mitgeteilt wird, er habe eine Lungentuberkulose, so bedeutet das für ihn kein jahrelanges Siechtum, keine Verbannung, sondern bei konsequenter Behandlung eine vollkommene Genesung; ja, bei einer Früherkennung des Leidens ist noch nicht einmal das Herausnehmen aus dem gewohnten Lebenskreis erforderlich.

Die Tuberkulose hat viele unserer großen Geister vorzeitig hinweggerafft. Bei den Musikern waren es im vergangenen Jahrhundert Niccolò Paganini, Carl Maria von Weber und Frédéric Chopin, deren jahrelange Krankheitsverläufe uns das Leiden besonders eindringlich vor Augen führen. Wer denkt heute daran, daß Chopin viele seiner schönsten Klavierwerke von Schmerzen, Hustenanfällen und Fieber geschüttelt schuf. Erst kurz vor seinem Tode ergab er sich seinem Schicksal.

Jugend in Warschau

Chopins Leben begann ungetrübt. Geboren wurde er am 22. Februar 1810 in Zelazowa-Wola, einem Dorf in der Nähe von Warschau. Sein Vater Nicolas (1771–1844), von Geburt Lothringer, war Erzieher beim Grafen Scarbek, die Mutter Gesellschafterin der Gräfin. Chopin hatte drei Schwestern: Louise, geboren 1807, Isabella, geboren 1811 und Emilia, geboren 1813. Als der Vater 1810 eine Stelle als Französischlehrer am Warschauer Lyceum erhielt, siedelte die Familie in die Hauptstadt um. In Warschau erhielt Chopin ersten Klavierunterricht bei dem Tschechen Adalbert Zywny (1756–1842), der von Beruf eigentlich Geiger, aber ein guter Pädagoge war. Chopin äußerte einmal, daß selbst der größte Esel etwas bei ihm lernen würde. Mit acht Jahren trat Chopin erstmals öffentlich als Pianist auf, auch waren schon erste Kompositionen von ihm bekannt geworden. Man feierte ihn als

Chopins Geburtshaus in Zelazowa-Wola.
Archiv Editions du Seuil.

»musikalisches Genie«. Ähnlich wie bei Mendelssohn war das für die Eltern Ansporn, ihm die sorgfältigste Ausbildung und Erziehung zukommen zu lassen. Zunächst wurde er zu Hause unterrichtet; mit zwölf Jahren trat er in das Lyceum ein. Kompositionsunterricht erhielt er bei dem Direktor des Warschauer Konservatoriums Josef Elsner (1769–1854). Im Juni 1826 ging Chopin vom Lyceum ab und besuchte anschließend das Warschauer Konservatorium.

Während der Jugendjahre finden sich keine Auffälligkeiten in Chopins Krankengeschichte. Bedeutungsvoll für die Beurteilung seines späteren Schicksals ist aber die Erkrankung seiner jüngeren Schwester Emilia an einer offenen Lungentuberkulose. Er selbst überstand die üblichen Kinderkrankheiten komplikationslos. 1826 litt er mehrere Tage unter Drüsenschwellungen am Hals und Kopfschmerzen. Der Hausarzt Dr. Römer ließ Blutegel ansetzen und sprach von einer katarrhalischen Infektion. Vielleicht lag ein sog. Pfeiffersches Drüsenfieber vor, das besonders zum Anschwellen der Hals- und Nackendrüsen führt. Eine tuberkulöse Drüsenschwellung ist weniger wahrscheinlich, da deren Rückbildung längere Zeit beansprucht. Bald darauf nahm die Tuberkulose der Schwester Emilia so schwere Formen an, daß der behandelnde Arzt ihr eine Kur in Bad Reinerz, dem heutigen Duszniki, verordnete. Chopin fuhr als Begleiter mit dorthin, wobei der Gedanke einer Prophylaxe mitgespielt haben mag. Den Kurbedingungen mußte er sich in Bad Reinerz genau wie seine Schwester unterziehen. Wesentlichster Bestandteil der Kurbehandlung bildete das Trinken von Molke und von Wasser des Kurbrunnens. Molke galt damals als bevorzugtes Mittel bei Tuberkulose. Chopin bekam der Aufenthalt in Bad Reinerz sehr gut. Seinem Lehrer Elsner schrieb er: »Die frische Luft und die von mir fleißig genossene Molke haben mich dermaßen wieder hergestellt, dass ich ein völlig anderer bin, als ich in Warschau gewesen.«

Die Erkrankung der Schwester Emilia war indessen soweit fortgeschritten, daß ihr die Kur nicht mehr half. Nach einigen Monaten des Siechtums starb sie im April 1827, noch nicht vierzehn Jahre alt. Die Eindrücke, die Chopin von den letzten Krankheitswochen seiner Schwester erhielt, sind wahrscheinlich ein Grund dafür, daß er nicht früher seiner eigenen Erkrankung erlag. Er mußte zusehen, wie seine Schwester ständig vom Hausarzt Dr. Malcz zur Ader gelassen und dadurch schwächer und schwächer wurde. Als Konsequenz wehrte er sich deswegen später, als er in Mallorca auf den Tod krank war, gegen eine Aderlaßtherapie. Seinem Freund Jan Bialoblocki schreibt er in diesem Zusammenhang am 14. März 1827: »Seit vier Wochen schon liegt meine Schwester Emilia zu Bett. Sie hatte zu husten begonnen, dann spuckte sie Blut, und Mama ist erschrocken. Malcz befahl also einen Aderlaß. Man tat es einmal ... ein zweites Mal: unzählige Blutegel, Blasenpflaster, Senfpflaster, Tollkraut, Aventüren über Aventüren. Während der ganzen Zeit hat sie nicht gegessen; sie ist so verfallen, dass man sie nicht erkennen kann, erst jetzt kommt sie allmählich ein wenig zu sich.«

Nach seiner Abschlußprüfung am Konservatorium 1829 plante Chopin, Warschau zu verlassen und sich in Paris niederzulassen. Zusammen mit seinem Jugendfreund Tytus Wojciechowski verließ er im November 1830 Polen und reiste zunächst nach Wien, wo er bis zum August 1831 blieb. Durch Paßschwierigkeiten, wofür die Unruhen in Polen und der Warschauer Aufstand mit beitrugen, verzögerte sich der Aufenthalt. In Wien traf er mit dem Professor für Musik Václav Würfel (1790–1832), der an einer fortgeschrittenen Lungentuberkulose litt, zusam-

Frédéric Chopin am Klavier, Bleistiftzeichnung
von Eliza Radziwill 1826, Nationalmuseum Warschau.

Wilhelm Malcz, Hausarzt der Familie Chopin
in Warschau. Lithographie von S. Oleszcynski 1837,
Nationalbibliothek Warschau.

men. Er schreibt darüber am 1.12.1830 an seine Eltern: »Er ist ein merkwürdiger Mann; obgleich so krank, dass er nicht ausgehen kann, gibt er doch in seiner Wohnung Stunden. Er speit Blut, was ihn sehr geschwächt hat, und redet doch von einem Konzert.«

Für Chopins weiteren Lebensweg war die Bekanntschaft mit Dr. Malfatti, den wir schon im Zusammenhang mit Beethoven kennenlernten, wertvoll. Er versah Chopin mit Empfehlungsschreiben an eine Reihe bekannter Persönlichkeiten in Paris, darunter den Direktor des »Théatre Italien« Fernando Paer (1771–1839). Malfattis Empfehlungen zählten viel, da er angesehen und geschätzt war. Er galt durchaus nicht als »pfiffiger Italiener«, als den ihn Beethoven bezeichnete. Obwohl Chopin im Hause Malfattis aus und ein ging, ist keine Bemerkung von ihm bekannt, wie er über Chopins Gesundheit dachte. Offenbar hat er ihn auch nicht mit ärztlichen Ratschlägen versehen. Er findet in Chopins Briefen häufig Erwähnung, es ist aber davon nie die Rede. Man kann daraus schließen, daß Malfatti über Chopins Gesundheit nicht besorgt war. Dieser teilt seiner Familie am 14. Mai 1831 mit: »Was mich betrifft, so erfreue ich mich der besten Gesundheit und fühle, daß dies im Unglück ein großer Trost ist. Wäre denn nicht auch meine Gesundheit so über alle Erwartung gut, ich wüßte nicht, was ich hier anfangen sollte.«

Paris

Endlich im September 1831 traf Chopin in Paris ein. Schnell gewann er Anschluß an die dortigen Künstlerkreise, wobei ihm Paer behilflich war. Er lernte Rossini, Cherubini, Bellini, Berlioz und Liszt kennen und war bald in den Salons ein gern gesehener Gast. Durch seine guten Manieren, sein gewandtes Auftreten, nicht zuletzt aber auch durch sein Erzählertalent und seinen Humor gewann er allenthalben Sympathie. In den Salons ließ er sich auch auf dem Klavier hören, während er in öffentlichen Konzerten seltener auftrat; es lag seiner sensiblen Natur nicht. Franz Liszt gestand er einmal, daß er dazu nicht geschaffen sei, das Publikum schüchtere ihn ein. 1832 konnte er stolz seinem Freund Domenik Dziewanowski berichten: »Ich bin in die ersten Gesellschaftskreise eingetreten, bewege mich unter Botschaftern, Fürsten, Ministern und weiss nicht einmal durch welches Wunder dies geschehen ist, da ich mich selbst nicht gedrängt habe.«

Friedrich Kalkbrenner (1784–1849), heute fast vergessen, damals aber einer der führenden Klaviervirtuosen, erbot sich, Chopin kostenlos Unterricht zu erteilen. Als einzige Bedingung stellte er, Chopin müsse drei Jahre bei ihm als Schüler bleiben. Bezeichnenderweise lehnte Chopin das Angebot ab, da er unabhängig sein wollte. Inzwischen war er allerdings auch derart anerkannt, daß er selbst einen ansehnlichen Schülerkreis hatte. Seine Stunden wie auch seine Kompositionen wurden gut bezahlt. So stand er bald auf eigenen Füßen und konnte sich bis in seine letzten Krankheitsjahre einen beachtlichen Lebensstandard mit Pferdegespann und Diener leisten.

In den ersten Pariser Jahren finden sich bei Chopin keine Krankheitssymptome von Belang. Er fühlte sich gesund und leistungsfähig. Sein Wohlbefinden wird mehrfach bezeugt. Erwähnt sei das Urteil seines Freundes Anton Orlowski, eines Geigers und Komponisten, der 1834 seinen Angehörigen mitteilte: »Chopin ist gesund und kräftig. Er verdreht allen Französinnen die Köpfe«. Im gleichen Jahr schreibt Jas Matuszynski, Chopins Freund aus Paris: »Erstes in Paris zu Chopin. Er ist stark und groß geworden, daß ich ihn kaum wiedererkenne.« Chopin selbst bemerkt gegenüber dem Cellisten Franchomme im September 1832 »Man findet, daß ich dicker geworden bin und gut aussehe.«

Anfang August 1835 reiste Chopin nach Karlsbad, um seine Eltern zu treffen, die dort zur Kur weilten. Er sah sie dabei zum letzten Mal. Auf Einladung der Familie Wodzinska unterbrach er die Rückreise in Dresden, wobei er sich in die neuzehnjährige Tochter Maria verliebte. Ein Jahr später besuchte er die Wodzinskas in Marienbad wieder und hielt um die Hand von Maria an. Marias Vater stand einer Heirat jedoch ablehnend gegenüber. Sie heiratete bald darauf den Grafen Scarbek, ließ sich aber wegen nicht vollzogener Ehe wieder scheiden und tröstete sich mit dem Verwalter ihres Gutes. Maria Wodzinska war nicht die erste Liebe Chopins. In Warschau hatte er sich schon in die Sängerin Constantia Gladkowska verliebt, der er sein erstes Klavierkonzert in f moll widmete.

Erste Krankheitssymptome, George Sand

Wann sich die ersten Symptome der Lungentuberkulose bei Chopin bemerkbar machten, ist nicht genau festzulegen. Im Winter 1835/36 soll er mit hohem Fieber, Husten und Blutspucken so schwer erkrankt gewesen sein, daß man echte Besorgnis um ihn hatte. Die Quellen darüber sind aber dürftig. Er erholte sich auch schnell und äußerte im März 1836, daß er gesund sei.

Im Herbst 1836 lernte er George Sand kennen. Eines der berühmten Liebesverhältnisse, das rational schwer zu erklären ist, begann damit. George Sand, 1804 geboren, somit über fünf Jahre älter als Chopin und nur 150 cm groß, gehörte an sich zu einem Frauentyp, den Chopin nicht schätzte. Sie galt als emanzipiert und extravagant, rauchte Zigarren und lief in Hosen einher. Sie war geschieden, hatte zwei Kinder und schriftstellerte, was Balzac dazu veranlaßte, von ihr als »schreibender Kuh« zu sprechen. Trotz alledem war Chopin von Anfang an von ihr fasziniert.

Kurz nach der Bekanntschaft mit George Sand machte sich Chopins Tuberkulose endgültig bemerkbar. Wir besitzen darüber verschiedene Zeugnisse. Von ihm selbst erfahren wir aus einem Brief an Anton Wodzinska vom Mai 1837, daß er im Winter (Februar 1837) wieder an Grippe krank gewesen sei. Das »wieder« dürfte sich auf die im vorangegangenen Jahr durchgemachte »Grippe« beziehen, die dem sichtbaren Manifestwerden der Tuberkulose entsprach. Er wurde mit Blasenpflastern und Schröpfköpfen behandelt, sein Freund Matuszinsky, Professor für Medizin an der Pariser Medizinischen Fakultät, empfahl ihm außerdem, während der Blutungen Eis zu schlucken. Man verordnete eine Kur in Bad Ems, was dafür spricht, daß er schon damals als tuberkulosekrank angesehen wurde. Er wollte aber davon nichts wissen und reiste statt dessen nach London, als er kaum einigermaßen genesen war. Hier kam es zu einem Rückfall, wie wir von Felix Mendelssohn Bartholdy und Ignaz Moscheles wissen. Mendelssohn teilte am 24. August Ferdinand Hiller mit: »Chopin soll vor vierzehn Tagen plötzlich hier gewesen sein. Er soll aber noch immer sehr leidend und krank sein«. Am 1. September notiert er: »Sie sagen, er sei immer noch sehr krank und unglücklich«. Moscheles vermerkte in seinem Tagebuch im Juli 1837, daß Chopin nicht besucht sein wollte, »da jede Unterhaltung sein Brustleiden verschlimmerte.«

Frédéric Chopin. Ölbild von E. Delacroix, Historia Photo.

George Sand (1804–1876), Zeichnung von Julien,
aus B. Scharlitt: Frédéric Chopin, Gesammelte Briefe, Leipzig 1911.

Chopin kehrte im August nach Paris zurück. Die Ärzte hatten ihm schon zuvor zugeredet, er solle den Winter nicht mehr in Paris, sondern im Süden verbringen. Bis weit in unser Jahrhundert hinein gab man den Tuberkulosekranken, die es sich finanziell leisten konnten, den Rat, sich längere Zeit in südlichen Ländern aufzuhalten. Ein Behandlungserfolg war davon, wie wir heute wissen, nicht zu erwarten. Die Gefahr einer erneuten Exacerbation der Krankheit war sogar erhöht, wie das Beispiel Chopins zeigt. Die Empfehlung bewirkte, daß er George Sand bat, ob sie ihn nicht mit nach Mallorca nehmen könne. Sie hatte die Reise wegen rheumatischer Beschwerden ihres Sohnes Maurice ohnehin geplant. In ihrem Buch »Histoire de ma vie« schreibt sie dazu: »An der Reise ließ ich ihn freilich nicht an Maurice Stelle, sondern neben demselben teilnehmen. Seine Freunde hatten ihm schon lange zugeredet, einen Winter im Süden Europas zuzubringen. Sie fürchteten alle, daß er die Schwindsucht habe – aber Gaubert, der ihn untersucht hatte, gab mir die Versicherung, daß dies nicht der Fall sei. »Sie können ihn jedenfalls retten,« sagte er mir, »wenn Sie ihm frische Luft, Ruhe und Bewegung geben«.«

Doktor Gaubert war entweder der Pariser Arzt Marcel Gaubert (1795–1839), ein glühender Anhänger der Broussaischen Lehre, oder, was wahrscheinlicher ist, Paul Marie Leon Gaubert (†1866), Arzt im Ministerium, der sich durch Arbeiten über Hygienische Probleme einen Namen gemacht hat. Merkwürdig erscheint, daß er einerseits der Sand gesagt haben soll, Chopin sei nicht tuberkulosekrank, andererseits davon sprach, sie könne ihn retten, wenn sie ihn mit in den Süden nehmen würde. Entweder war er sich seiner Sache nicht sicher, oder er wollte ihr die Wahrheit nicht mitteilen.

Das Verhängnis nahm nun schnell seinen Lauf. Bis Perpignan reiste Chopin allein, von da ab über Barcelona gemeinsam mit George Sand, ihrem Sohn Maurice und der Tochter Solange. Schon bei der Ankunft in Palma de Mallorca begannen die Schwierigkeiten, denn es fanden sich keine Hotelzimmer. Mallorca war auch damals von Touristen überschwemmt. So hauste man in den ersten Tagen zu viert in zwei kleinen notdürftig hergerichteten Zimmern, bis George Sand eine »Villa« ausfindig gemacht hatte, die sie für fünfzig Francs im Monat mietete. Die »Villa« war aber für winterliche Verhältnisse – es war bald Dezember – nicht eingerichtet und nicht heizbar. Man wärmte sich an Kohlenbecken, deren Rauch die Zimmer füllte.

Chopin kam erschöpft, mit täglich stärker werdendem Husten auf Mallorca an. Bald lag er hochfiebernd und mit schweren Hustenanfällen im Bett. Schnell verbreitete sich das Gerücht, daß sich in der »Villa« ein ansteckender Schwerkranker befände, und der Vermieter, ein Herr Gomez, geriet in Panik. Er kündigte aus Angst, seine Familie könnte angesteckt werden, kurzerhand die »Villa« auf und verlangte darüber hinaus von George Sand, daß sie die Einrichtung abkaufe, da man alles verbrennen müsse. Auch müßten die Zimmer neu gekälkt werden. George Sand war gezwungen, sich unverzüglich nach einer anderen Bleibe umzusehen, die sie in der leerstehenden und abgelegenen Klause von Valdemosa fand.

Inzwischen ging es Chopin derart schlecht, daß sich George Sand nicht mehr zu helfen wußte und, eigentlich gegen ihre Überzeugung, drei Ärzte hinzuzog. In einem Brief an seinen Freund Julian Fontana vom 3. Dezember 1838 schildert Chopin die Untersuchung der drei ein-

Die Kartause von Valdemosa, Zeichnung von Maurice Sand,
Archiv Editions du Seuil.

François Joseph Victor Broussais (1772–1838),
Ölbild von Mauvin aus Dumesnil und Schadewaldt: Die berühmten Ärzte,
Aulis Verlag Daubner, 2. Auflage Köln 1966.

heimischen medizinischen Kapazitäten treffend und sarkastisch: »In den letzten zwei Wochen war ich krank wie ein Hund ... Drei Ärzte, die berühmtesten der ganzen Insel, traten zu einem Konsilium zusammen: Der eine beroch das was ich ausspuckte, der andere klopfte da, woher ich spuckte, der dritte betastete und behorchte als ich spuckte. Der erste sagte, ich sei krepiert, – der zweite, daß ich krepiere, – der dritte, daß ich krepieren werde. Ich aber befinde mich heute wie immer. Nur kann ich es dem Jas [Jas Matuszynski] nicht verzeihen, daß er mir für den Fall einer »Bronchite aiguë«, die er bei mir immer hätte erwarten dürfen, keine Verhaltungsmaßregeln gegeben hat. Nur mit Mühe habe ich sie davon abhalten können, daß sie mich zur Ader ließen und Vesicatorien ansetzten und ziehende Pflaster und ich fühle mich Dank der Vorsehung heute wie gewöhnlich.«

Den Zeilen läßt sich entnehmen, daß Chopin die Untersuchung der drei medizinischen Berühmtheiten von Mallorca vornehmlich als einen schauspielerischen Akt empfand, womit er nicht ganz Unrecht hatte. Sehr viel nützliches konnte daraus nicht resultieren. Das »Behorchen« des Brustkorbs war eine ziemlich neue Untersuchungsmethode, von der für die Praxis noch nicht viel zu erwarten war. Das »Beklopfen« kannte man schon länger. Es handelt sich dabei um die von Leopold Auenbrugger (1722–1809) inaugurierte Perkussion des Brustkorbs, die er 1761 erstmals beschrieben hatte. Es lassen sich damit ganz grob größere Infiltrationen der Lunge und Wasseransammlungen im Pleuraraum durch Schalländerungen beim Beklopfen erkennen. Das »Behorchen« geht auf den großen französischen Arzt Théophile Hyacinthe Laennec (1781–1826) zurück, der darüber erstmals 1819 in seinem Werk »De l'auscultation médiate« berichtet hatte. Er starb an Lungentuberkulose, kurz bevor die zweite Auflage seines Buches erschien. Bis zum Ende des letzten Jahrhunderts entwickelte sich die »Auskultation« zu einer wahren Kunst. Sie erfordert aber, wenn man sie nutzbringend anwenden will, viel Übung und Erfahrung. Durch die modernen apparativen diagnostischen Möglichkeiten ist sie heute in den Hintergrund getreten. Die junge Ärztegeneration besitzt kaum noch genügend Erfahrung, um damit umzugehen, auch wenn das Hörrohr noch demonstrativ gezückt wird.

Als Chopin auf Mallorca untersucht wurde, war es nur ganz beschränkt möglich, die mit dem Hörrohr wahrgenommenen akustischen Phänomene den entsprechenden pathologisch anatomischen Veränderungen zuzuordnen. Die drei Ärzte hatten diese Untersuchungsmethode wahrscheinlich deswegen bei ihrem diagnostischen Rüstzeug, weil sie in Paris ausgebildet worden waren. Dort hatten sie aber auch ihr therapeutisches Denken erlernt, an dessen Spitze das Aderlassen bei jedweder Krankheit stand. Dies geht auf die unselige Lehre Broussais' (1772–1838) zurück, der damit die krankmachende Materie aus dem Körper zu entfernen suchte. Die Folge davon war eine zusätzliche Schwächung des kranken Organismus mit schwerer Blutarmut. Je schlechter es dem Patienten ging, desto mehr glaubte man, ihm Blut entziehen zu müssen, ein unglückseliger circulus vitiosus, der Hunderttausenden das Leben gekostet hat. Kein Wunder also, daß sich Chopin nach den Erlebnissen mit seiner Schwester Emilia heftig zur Wehr setzte und auch die intelligente George Sand sich dagegen sträubte. Das stürzte sie aber in schwere Gewissenskonflikte, da ihr die drei Ärzte versicherten, Chopin werde sterben, wenn sie sich weigere, ihre Zustimmung zu den Aderlässen zu geben. In ihren Erinnerungen schreibt sie darüber: »Indessen gab es eine Stimme, die mir bis in den Schlaf sagte: »Ein Aderlaß würde ihn töten. Und wenn du ihn davor bewahrst, wird er nicht sterben«. Ich bin überzeugt, daß dies die Stimme der Vorsehung war.« Wahrscheinlich beurteilte sie die Situation richtig, denn hätte man die drei Ärzte wirken lassen, wäre das Chopins Tod gewesen.

Chopin erholte sich wenigstens soweit, daß der Umzug in die Klause von Valdemosa bewerkstelligt werden konnte. Sie war allerdings, trotz der Schwärmerei Chopins, daß er nun im schönsten Teil der Welt wohnen würde, »in einem großen alten verfallenen Kloster der Kartäuser«, und es nichts Wunderbareres gäbe, alles andere als für einen Tuberkulosekranken geeignet. Die Mönchszellen, in denen man wohnte, hatten Steinböden und waren ohne jeden Komfort. George Sand versuchte, sie wohnlich einzurichten, und man schleppte Chopin sogar ein geliehenes Klavier in seine Zelle. Er war so schwach, daß er die Kartause nicht verlassen konnte; George Sand mußte für Verpflegung und die anderen Bedürfnisse des Lebens sorgen, was ihr durch die ablehnende Haltung der Bevölkerung erschwert wurde. Man kämpfte auf eigene Weise für die gute Moral der Insel, indem man den »Eindringlingen« die notwendigen Lebensmittel zu überhöhten Preisen verkaufte.

George Sand übertreibt wohl nicht, wenn sie schreibt, daß der Aufenthalt in Valdemosa »in vieler Hinsicht ein Fiasko« gewesen sei. Chopin war außerdem nicht gerade ein einfacher Kranker. Neben einer erheblichen psychischen Alteration hustete er Tag und Nacht. An Fontana schrieb er am 14. Dezember 1838: »Kann nicht schlafen, huste nur und bin seit langem mit Pflastern bedeckt«. Bei den Pflastern handelte es sich um die bekannten Zugpflaster, die relativ harmlos und mit der Schädlichkeit der Aderlässe nicht zu vergleichen waren.

Am liebsten hätte man die gastliche Klause von Valdemosa schnell wieder verlassen, die winterliche Witterung und Chopins schlechter Zustand gestatteten das aber nicht. Man mußte abwarten, und trotz aller Mißlichkeiten begab sich Chopin ans Komponieren seiner 24 Préludes Op. 28. Man glaubt George Sand, wenn sie in ihren Erinnerungen an Mallorca schreibt: »Unser Kranker schien nicht in der Lage zu sein, die Überfahrt auszuhalten, aber er schien auch ebenso wenig fähig zu sein, noch eine Woche in Majorque zu ertragen. Die Situation war fürchterlich, es gab Tage, an denen ich die Hoffnung und den Mut verlor«.

Gegen Mitte Februar besserten sich die Wetterverhältnisse soweit, daß man an den Aufbruch denken konnte. In einem ungefederten Pferdekarren holperte die Reisegesellschaft nach Palma, wo sie ein kleines Frachtschiff aufnehmen sollte. Schon die Karrenfahrt hatte Chopin sehr angegriffen, und nun wurde er auf einen Dampfer verfrachtet, der für Passagiere kaum eingerichtet war: Ein Schweinetransporter, der 100 Tiere geladen hatte und nebenbei einige Passagiere mitnehmen konnte. So ereilte Chopin auch, was zu erwarten war, er erlitt einen schweren Blutsturz. Er spuckte, wie George Sand schreibt, »Waschbecken voll Blut«. Obwohl das sicher etwas übertrieben ist, wenn man sich die Größe eines heutigen Waschbeckens vor Augen hält, dürfte die verlorene Blutmenge durchaus die Gefahr eines tödlichen Blutungsschocks heraufbeschworen haben.

Im Hafen von Barcelona angekommen, nahm George Sand sofort Kontakt mit einem französischen Marinearzt auf, der Chopin auf ein dort ankerndes Kriegsschiff bringen ließ, wo die Blutung zum Stehen kam. Wie der Marinearzt das zustande brachte, ist nicht bekannt. Chopin konnte aber schon bald in ein Hotel gebracht werden und erholte sich in einigen Tagen soweit, daß man die Weiterreise nach Marseille wagen konnte. Zuvor mußte die Sand aber dem Hotelwirt Bett und Bettzeug, in dem Chopin geschlafen hatte, ersetzen, da es nach den polizeilichen Vorschriften angeblich verbrannt werden mußte, weil ein Seuchenbehafteter darin gelegen hatte.

George Sand ist zuzugestehen, daß sie während des ganzen Mallorcaabenteuers Umsicht und Tatkraft bewies. Chopin selbst war gänzlich handlungsunfähig und galt allenthalben als »Aussätziger«. Einigermaßen Boden unter die Füße bekam man erst wieder in Marseille. Dort kannte George Sand den Chefchirurgen des Krankenhauses und Professor an der Medizinischen Fakultät Dr. Cauvière, einen renommierten Kliniker, der sofort Chopins Behandlung übernahm. Er bezeichnete die Erkrankung als sehr gefährlich, verbot die Weiterreise und verordnete neben guter Ernährung und dem Trinken von Milch vor allem Ruhe. Bezeichnend für die vernünftige Therapie Cauvière's ist ein Brief Chopins vom 7. März 1839 an seinen Freund Fontana, in dem es heißt: »Umarme Jas und sage ihm, ich hätte – oder vielmehr man hätte es nicht gestattet, mich zur Ader zu lassen, daß ich Blasenpflaster aufgelegt habe, daß ich nur in der Frühe ein wenig huste, daß man mich noch gar nicht für einen Schwindsüchtigen hält. Ich trinke weder Kaffee noch Wein – nur Milch, ich halte mich warm und sehe wie ein Fräulein aus.«

Mit George Sand in Nohant und Paris

Chopin erholte sich wider Erwarten schnell. Sein Optimismus war so groß, daß er am 28. März dem Bankier Ernst Canot nach Palma mitteilte, seine Gesundheit sei wieder völlig hergestellt. Cauvière hielt ihn aber noch bis Ende Mai in Marseille zurück und erlaubte erst dann die Weiterreise. George Sand betreute Chopin während der ganzen Wochen und vertrieb sich die Zeit mit Schriftstellerei. Man stand nun vor der Frage, wohin man weiterreisen sollte, da Paris nicht der geeignete Ort für den kranken Chopin war. George Sand entschloß sich, die Konventionen beiseite zu lasen und gemeinsam mit Chopin auf ihr Landgut nach Nohant zu gehen. Es lag südlich von Paris im Gebiet von Berry. George Sands Haus war geräumig, im Stile Louis XV. eingerichtet und mit einem Park umgeben. Chopin konnte dort ungestört leben und komponieren. Auch für ärztliche Betreuung war gesorgt; George Sand verständigte gleich ihren Hausarzt Dr. Papet, der Chopin nach der Ankunft untersuchte. Die Auskünfte, die er ihr anschließend gab, stellen uns vor das Problem, ob er ihr die wahre Diagnose nicht mitteilen wollte, die Situation verkannte, oder die Sand ungenau berichtet. Nach ihrer Schilderung meinte Papet nämlich, Chopin leide nur an einer geringen chronischen Entzündung des Kehlkopfes, Symptome eines Lungenleidens seien nicht vorhanden. Eine verwunderliche Diagnose, wenn man die Vorgeschichte berücksichtigt, zumal Blutstürze damals als Zeichen einer fortschreitenden Lungentuberkulose bekannt waren.

Chopin blieb bis zum Oktober 1839 und konnte dann in erheblich konsolidiertem Zustand nach Paris zurückkehren. Zunächst zog er in die Rue Tronchet, wo ihm sein Freund Fontana eine Wohnung besorgt hatte, siedelte aber bald zu George Sand über, die in der Rue Pigalle zwei Pavillons bewohnte. In dem einen war Chopin mit dem Sohn Maurice untergebracht, in dem anderen die Sand mit ihrer Tochter Solange.

Hier müssen wir einen Augenblick verweilen, um

einige Worte über die Liebesbeziehungen zwischen George Sand und Chopin zu sagen. Es ist darüber viel geschrieben und phantasiert worden, und doch wissen wir fast nichts über die Wirklichkeit. Man kann davon ausgehen, daß es zu Anfang der Freundschaft bald zu einer echten sexuellen Partnerschaft kam. Sie endete aber nach dem Ausbruch der akuten Krankheitssymptome zumindest für längere Zeit. Die Triebfeder dazu war die Sand, die sich in die Rolle einer Pflegemutter gedrängt sah – sie war immerhin fast sechs Jahre älter als Chopin – und sich ihm, wie sie selbst schreibt »verweigerte«, was für ihn eine Qual bedeutet habe. Das dürfte schon in Mallorca der Fall gewesen sein. Wie es sich in den späteren Jahren verhielt, ob die Sand bei ihrem Vorsatz blieb, ist unbekannt. Sie selbst hat alle Liebesbriefe verbrannt, und von Chopin findet sich keine einzige Zeile über sein Verhältnis zu George Sand. Man lebte noch bis zum Jahre 1847 entweder in Nohant oder Paris zusammen.

Bis dahin ging es mit Chopins Befinden ständig auf und ab. Er gehörte inzwischen zum Kreis der chronischen Phtisiker (chronisch Tuberkulosekranke), die sich mit ihrer Krankheit über Jahre quälen, ehe sie der Tod erlöst. Unerbittlich, wenn auch monatelang fast unmerklich, dann wieder in »akuten Schüben«, schritt die Krankheit fort und zerstörte dabei systematisch die Lunge. Über Chopins sich langsam verschlechterndes Befinden während der nächsten Jahre geben am besten die Aussagen seiner Freunde und Bekannten und Bemerkungen in seinen eigenen Briefen Auskunft. Sie sind zwar nicht zahlreich, dokumentieren aber die Art der Beschwerden und wie sich Chopin damit zu arrangieren suchte.

Von 1839 liegt eine Tagebuchnotiz seiner Schülerin Frederike Miller folgenden Inhalts vor: »Ach, er war so leidend, schwächlich und bleich war er, hustete viel und nahm häufig Opiumtropfen auf Zucker oder Sirup, rieb sich die Stirn mit Kölnisch Wasser.« Das anstrengende Unterrichten bewältigte Chopin nur, indem er sich dabei auf eine Chaiselongue legte und lediglich aufstand, wenn er am Klavier etwas korrigierte oder selbst vorspielte.

George Sand notierte 1841: »Chopin hustet so vor sich hin«. Er selbst schreibt an Camille Pleyel, einem Sohn des Haydnschülers Ignaz Pleyel: »Es geht mir besser«, an anderer Stelle des Briefes heißt es aber »ich fühle mich sehr schwach und lege mich zu Bett«. Dieser Brief ohne Datum dürfte Anfang des Jahre 1841 verfaßt sein. In einem Brief an Grzymala vom April des Jahres heißt es: »Den ganzen Tag muss ich liegen, so weh tun mir Maul und Drüsen. Wenn mir morgen Raciborski auszugehen erlaubt (den Jas hat man zur Ader gelassen und er liegt selbst), so werde ich gleich zu Dir fahren.« Wenig später folgt ein Brief an Grzymala: »Ich wäre zu Dir gefahren, aber das ist nur in aller Frühe möglich, und ehe ich mich in der Frühe aushuste, ist es bereits 10 Uhr.«.

Die Schwester von Chopins Schüler Gutmann schildert einen Besuch im Winter 1843/44. Sie beobachtete dabei, daß er die Treppe hinaufgetragen werden mußte und fügte hinzu: »Die Treppen zu steigen, würde ihm selbst unter Beihilfe unmöglich gewesen sein.« Heinrich Heine (1797–1856) erinnert sich 1847 in einem Artikel in »Lewalds Theaterrevue«, daß Chopin im Winter 1843/44 sehr krank gewesen sei und niemand ihn zu Gesicht bekommen habe.

Im Laufe des Jahre 1844 scheint sich eine gewisse Stabilisierung im Befinden Chopins eingestellt zu haben, denn die erwähnte Frederike Miller schreibt in ihrem Tagebuch: »Ende 1844 kam ich mehrmals nach Paris und fand Chopin etwas kräftiger aussehend ... Damals hofften seine Freunde auf die Herstellung seiner Gesundheit oder wenigstens auf bedeutende Besserung seines Befindens.«

Der vorübergehenden Erholung Chopins waren zwei für ihn wichtige Ereignisse vorausgegangen. 1842 war sein Freund und ärztlicher Berater Jas Matuszynski, mit dem er zuletzt in der Rue Pigalle zusammenwohnte (Matuszynski war dort in einem Gartenhaus untergebracht), an Tuberkulose gestorben, und am 3. Mai 1844 erlag Chopins Vater in Warschau ebenfalls einer Tuberkulose. Chopin soll dadurch derart deprimiert gewesen sein, daß er sich außer Stande fühlte, den Angehörigen selbst zu schreiben. Er überließ es George Sand, die auch seine Schwester Louise mit ihrem Mann nach Nohant einlud. In einem vorbereitenden Brief schrieb sie an Louise: »Sie werden das liebe Kind recht zerbrechlich und verändert finden. Aber ängstigen Sie sich nicht über seine Gesundheit. Ich sehe ihn seit 6 Jahren fast täglich und sie hat sich nicht wesentlich geändert. Jeden Morgen ein ziemlich starker Hustenanfall, alle Winter zwei oder drei etwas längere, mehrere Tage dauernde Krisen, einige neuralgische Schmerzen, das ist so seine normale Situation. Seine Brust ist gesund und sein Organismus nirgends ernstlich angegriffen.«

Es ist schwer zu sagen, ob George Sand ihrer Beurteilung selbst glaubte oder Louise nur beruhigen wollte. Immerhin konnte sie sich bei ihrer Bemerkung, daß Chopins Brust gesund sei, auf Dr. Papet stützen, der auch noch 1845 äußerte, Chopins Organe seien gesund, aber er habe einen Zug zum Hypochonder. Dr. Papet scheint Chopin in Nohant ständig betreut zu haben. In Paris behandelte ihn der im Brief an Grzymala erwähnte Raciborski sicher lange Zeit, Genaues ist darüber aber nicht bekannt. Dr. Adam Raciborski (1809–1871) galt als Spezialist auf dem Gebiet der Lungen- und Bronchialerkrankungen. Er hatte 1836 ein Lehrbuch der Perkussion und Auskultation der Lunge herausgebracht. Papet und Raciborski dürften aber auch schon damals nicht die einzigen Ärzte gewesen sein, die Chopin betreuten. Jas Matuszynski beriet ihn ohnehin als ärztlicher Freund, und er konsultierte auch homöopathisch ausgerichtete Ärzte, darunter Dr. Molin, aber ab wann wissen wir nicht.

Während der Jahre bis 1845 wohnte Chopin den größeren Teil des Jahres in Paris. Die Sommermonate verbrachte er in Nohant. In Paris war Unterrichten Hauptinhalt seines täglichen Lebens; abends besuchte er, soweit es sein Befinden gestattete, immer noch gerne die Salons. In Nohant konnte er ungestört komponieren. Dort war seine Gesundheit anscheinend auch stets am besten, während in den Pariser Wintermonaten immer wieder akute Schübe der Krankheit auftraten.

Bruch mit George Sand

Soweit wir wissen, blieben die Beziehungen Chopins zu George Sand bis zum Jahre 1845 ziemlich ungetrübt. Inzwischen waren aber die Kinder größer geworden, und es kam zu Spannungen mit dem Sohn Maurice. Er lehnte sich angeblich gegen die illegitimen Beziehungen seiner Mutter zu Chopin auf. Inwieweit dabei auch die Krankheit Chopins von Bedeutung ist, muß dahingestellt bleiben. Immerhin war Chopin ein chronisch Kranker, um dessen Ansteckungsgefahr man wußte. Außerdem bildete er mit seinem ständigen Husten und Auswurf eine Belastung, die, neben seiner Nervosität und Reizbarkeit, nicht immer leicht zu ertragen war. George Sand empfand das Verhältnis außerdem auf die Dauer als unnatürlich, jedenfalls äußert sie sich so in ihrem Roman »Lucrezia Floriani«.

Im November 1846 hatten sich die Beziehungen so abgekühlt, daß Chopin alleine nach Paris zurückkehrte, während die Sand mit ihren Kindern den Winter über in Nohant blieb. Als die Familie dann im Frühjahr 1847 in Paris auftauchte, stand der endgültige Bruch dicht bevor. Konkreter Anlaß dazu wurde das Verhalten der Tochter Solange, die man im Winter verlobt hatte. In Paris angekommen, ließ sie ihren Verlobten im Stich, da sie sich Hals über Kopf in den Maler Clésinger verliebte und diesen auch im Mai heiratete. Es gab deswegen unliebsame Szenen zwischen Mutter und Tochter. Als Chopin sich in den Familienstreit zugunsten von Solange einmischte, wurde die Sand derart aufgebracht, daß sie die Verbindung mit Chopin löste.

Für Chopin hatte das schwerwiegende Folgen, denn plötzlich war er gänzlich auf sich gestellt. Als Schwerkranker, der ohne fremde Hilfe nicht mehr leben konnte, hatte er nun für sich selbst zu sorgen, und er war einen aufwendigen Lebensstandard gewohnt. Sein Zustand war schon vor dem endgültigen Bruch mit der Sand 1847 besorgniserregend gewesen. Eugène Delacroix (1799–1863), der berühmte Maler und Freund Chopins, vermerkte am 5. Mai 1847 in seinem Tagebuch: »Der arme Kerl, war eine Woche lang krank und zwar sehr schwer«. Am 6. Mai notiert er: »heute früh bei Chopin gewesen, aber nicht empfangen worden. Litt gerade an einem Anfall seiner Krankheit.« Chopins Schüler G. Mathias äußerte um diese Zeit, daß sein Anblick »peinlich« gewesen sei, »der Rücken gebeugt, der Kopf nach vorwärts geschoben«.

Chopins Hauptbeschwerde bildete jetzt neben dem Husten seine Atemnot, selbst bei kleinsten Anstrengungen. In Briefen an Solange, mit der er in freundschaftlicher Beziehung blieb, vom November und Dezember 1847, klagt er darüber, daß er ersticke. Durch intensives Unterrichten und durch Auftritte als Solist suchte er seiner verzweifelten finanziellen Situation zu entrinnen. Ein kaum glaubliches Unterfangen, das seine letzten Kräfte forderte. Als er am 16. Februar im Saal Pleyel ein halböffentliches Konzert gab, war er am Ende, als er vom Podium ging, einer Ohnmacht nahe. In einem Brief an Solange schreibt er: »Seit Ihrem letzten Brief lag ich mehrere Tage mit einer entsetzlichen Grippe zu Bett und gab ein Konzert bei Pleyel.«

Trotz allem stellte sich im Frühjahr 1848 noch einmal eine Besserung ein. Im März war Chopin wieder soweit hergestellt, daß er außer Hauses gehen konnte. Am 5. März begegnete er zufällig der Sand, worüber er Solange schreibt: »Ich begab mich gestern zu Frau Marliani [Freundin von George Sand] und als ich von ihr ging, traf ich in der Vorzimmertür mit Ihrer Mutter zusammen, die mit Lambert eintrat. Ich sagte Ihrer Frau Mutter »Guten Morgen« und mein zweites Wort war, ob es schon lange her sei, daß sie von Ihnen einen Brief erhalten habe. »Vor einer Woche» gab sie mir zur Antwort. »Haben Sie nicht gestern, vorgestern ein Schreiben bekommen?« »Nein«. »So teile ich Ihnen denn mit, daß Sie Großmutter geworden sind: Solange hat ein Töchterchen bekommen, und es freut mich, daß ich als erster Ihnen diese Nachricht überbringe«. Hierauf grüßte ich und ging die Treppe hinunter. Combes, der Abessinier, begleitete mich. Da ich jedoch Ihrer Frau Mutter mitzuteilen vergessen hatte, daß Sie sich wohlbefinden ... so habe ich, weil ich selbst mich hinaufzuschleppen nicht im Stande war, Combes gesagt, er möge hinaufgehen und Ihrer Frau Mutter sagen, daß Sie sich wohlbefinden und das Kind ebenfalls.« Aus Chopins Zeilen läßt sich entnehmen, daß er zu dieser Zeit, wenn auch mit großer Mühe und nur mit Hilfe, wieder Treppen zu steigen vermochte.

Die vorübergehende Besserung in seinem Befinden hat wahrscheinlich mit dazu beigetragen, daß er dem Wunsch seiner Schülerin Jane Stirling nachgab und sich zu einer Englandreise entschloß. Vor allem waren es aber seine finanziellen Sorgen, die ihn dazu veranlaßten. Er hatte die Absicht, in England einige Konzerte zu geben, von denen er sich größere Einnahmen erhoffte.

Englandreise

Im April 1848 brach Chopin zusammen mit Jane Stirling und deren Schwester nach London auf. Erst Anfang Oktober kehrte er wieder nach Paris zurück. Die Reise gestaltete sich, wie zu erwarten, zu einer Katastrophe, die erstaunlicherweise nicht tödlich ausging, wie kurz zuvor bei Carl Maria von Weber, der in vergleichbarer Situation nach England gereist und dort gestorben war. Jane Stirling schleifte Chopin von Empfang zu Empfang, und er gab einige Klavierabende. Wie er selbst über seine Lage dachte, läßt sich aus einem Brief an Grzymala entnehmen, dem er am 2. Juni 1848 schreibt: »Würde ich nicht seit einigen Tagen Blut spucken, wäre ich jünger ... dann könnte ich vielleicht ein neues Leben beginnen ... Meine biederen schottischen Damen bezeigen mir hier viel Freundschaft; stets esse ich dort, wenn ich nicht auf Gesellschaften bin. Doch sie sind gewohnt herumzuschlendern und in London den ganzen Tag mit Visitenkarten herumzufahren und sie möchten, daß ich all ihren Bekannten Besuche abstatte – und dabei lebe ich kaum noch. Wenn ich so drei oder vier Stunden im Wagen herumgeschüttelt werde, so ist das so, als wäre ich von Paris nach Boulogne gefahren.« In einem Brief vom 8. Juli, ebenfalls an Grzymala, heißt es: »Stundenweise fühle ich mich besser, doch oft in der Frühe denke ich, daß ich meine Seele aushuste«. Einige Tage später: »Ich vermag nicht mehr, mich zu grämen, noch mich zu freuen, habe meine Gefühle ganz verausgabt, vegetiere nur und warte, daß es rascher zu Ende gehe«.

Chopin befand sich in einem Zustand der Hoffnungslosigkeit und Resignation, so daß er den Dingen seinen Lauf ließ. So folgte er sogar der Bitte der Stirling, mit ihr nach Schottland zu reisen, ja er konzertierte in Glasgow, Manchester und Edinburgh, obwohl er kaum zum Podium gehen konnte. Von seiner Krankheit ausgezehrt – er wog keine hundert Pfund mehr – vom Tode gezeichnet, hatte sein Klavierspiel nicht mehr die Intensität und Kraft wie einst. Da die Begeisterung des Publikums deswegen nachließ, kaufte Jane Stirling bei dem Edinburgher Konzert vor Angst, der Saal würde nicht gefüllt, alle unverkauften Karten auf und verschenkte sie an Freunde und Bekannte.

Während der achtmonatigen Englandreise wechselte Chopin 61 mal sein Quartier. Das klingt schier unglaublich und ist nur dadurch zu erklären, daß er in gänzlicher Passivität dahinlebte. Er ließ alles mit sich geschehen. Wie ein kleines Kind, das noch nicht laufen kann, wurde er herumgetragen, wenn er nicht im Bett oder Sessel vor sich hindämmerte. Er selbst gibt ein anschauliches Bild davon in einem Brief an Grzymala vom 1. Oktober: »Ich fühle mich schwächer, kann nichts komponieren. Den ganzen Vormittag z.B. bis zwei Uhr bin ich jetzt zu garnichts fähig, und dann, wenn ich mich ankleide, geniert mich alles, und so schnaufe ich bis zum Diner, worauf man zwei Stunden mit den Männern sitzen muß ... dann trägt mich mein biederer Daniel die Treppe hinauf in mein Schlafzimmer, entkleidet mich, bringt mich zu Bett, läßt die Kerze brennen – und jetzt darf ich schnaufen und träumen bis zu dem Augenblick, wo wieder dasselbe von neuem beginnt«.

Am 18. Oktober folgt ein Brief an Grzymala, der Chopins ganze Hoffnungslosigkeit aufzeigt: »Seit achtzehn

Tagen, nämlich seit meiner Ankunft in London, bin ich krank und hatte einen so starken Katarrhanfall (mit Kopfschmerzen, schwerem Atem und allen schlechten Symptomen), daß ich garnicht aus dem Hause gekommen bin. Der Arzt besucht mich täglich (ein Homöopath Dr. Mallan). Er hat mich doch so weit hergestellt, daß ich gestern auf dem polnischen Konzert und Ball mitwirken konnte, doch bin ich gleich nach meinem Spiel nach Hause zurückgekehrt und konnte die ganze Nacht nicht schlafen. An Kopfschmerz leide ich stark außer Husten und Atemnot. Bisher haben sich hier die großen Nebel noch nicht eingestellt, doch muß ich trotz der Kälte schon in der Früh die Fenster öffnen lassen, um etwas Luft zu schlucken.« Der nächste Brief an Grzymala, vom 30. Oktober, gleicht einem Verzweiflungsschrei: »Hast Du mich denn vergessen, um aus meinen Briefen, in denen ich Dir geschrieben habe, daß ich mich immer schwächer fühle, immer langweiliger werde, daß ich keine Hoffnung mehr, keinen Wohnsitz habe, schließen zu können, daß ich heirate? Am Tage, an dem ich Deinen lieben guten Brief erhalten, habe ich eine Art Aufzeichnung meines Gerümpels gemacht, für den Fall, daß ich irgendwo krepieren sollte.«

Grzymala hatte von dem sich schnell verbreitenden Gerücht, Chopin wolle Jane Stirling heiraten, gehört. Sie liebte Chopin, fand aber bei ihm keine Gegenliebe, außerdem fühlte er sich viel zu krank, um an Heiratspläne zu denken Grzymala schreibt er im November 1848 darüber: »Ich kann wohl im Spital krepieren, aber eine Gattin möchte ich nicht in Armut zurücklassen. Die Welt entschwindet mir – ich verliere mich – ich habe keine Kraft mehr ... und deshalb erkläre ich Dir, daß ich dem Sarge näher bin als dem Ehebett ... Noch einen Tag hier, und ich bin zwar nicht gerade tot, aber verrückt. Meine Schottinnen gehen mir auf die Nerven. Sie sind solche Kletten, daß man sie nicht los wird.«

Während seiner Englandreise wurde Chopin von mindestens drei Ärzten betreut. In London war es zunächst der erwähnte Homöopath Dr. Mallan; in Schottland der polnische Arzt Dr. Lyscinsky, bei dem Chopin auch zeitweilig wohnte. Am Ende des Englandaufenthaltes zog man den Leibarzt der englischen Königin, Sir James Clark, hinzu. Er besaß besondere Erfahrung in der Behandlung von Lungenkrankheiten. Chopin schreibt über seine Konsultation an Solange: »Sir James Clark, der Leibarzt der Königin, kam unlängst, um nach mir zu sehen, und gab mir seinen Segen. So werde ich denn, in der Erwartung einer Besserung, am Square d'Orleans zu stöhnen beginnen.« Er fährt fort: »Morgen begebe ich mich nach Paris, ich kann mich kaum schleppen und bin schwächer als Sie mich je gesehen haben. Die hiesigen Ärzte jagen mich fort. Ich bin von Neuralgie ganz geschwollen, kann weder atmen noch schlafen und habe mein Zimmer seit dem 1.11. nicht verlassen«.

Letzte Monate und Tod

Am 24. November 1848 traf Chopin in Paris ein, wo er gleich eine Enttäuschung erlebte. Sein langjähriger Arzt, der Homöopath Dr. Molin, der Einzige, dem er voll vertraut hatte, war gestorben. So suchte er Hilfe bei anderen Ärzten. Solange teilte er darüber am 30. November mit: »Hier haben wir ein richtiges Märzwetter, ich liege deshalb auch zehnmal am Tage auf meinem Bett. Molin alleine besaß das Geheimnis mich hoch zu bringen. Seither hatte ich Herrn Louis, Dr. Roth zwei Monate lang und jetzt Herrn Simon, eine große Berühmtheit unter den Homöopathen; allein sie tasten nur herum und verschaffen

Pierre Charles Alexandre Louis (1787–1872).
Photographie, aus Dumesnil und Schadewaldt: Die berühmten Ärzte,
Aulis Verlag Daubner, Köln.

Frédéric Chopin 1849, Daguerreotypie,

mir keine Erleichterung. Alle sind sich einig bezüglich Klima, Ruhe und Schonung. Die Ruhe werde ich eines Tages auch ohne sie finden«.

Über »Herrn Louis« seien hier einige Sätze eingefügt, da er mit Roth und Simon nicht in einem Atemzug genannt werden kann. Pierre Charles Alexandre Louis (1787–1872) ist in die Medizingeschichte als einer derjenigen eingegangen, der sich energisch gegen die sinnlose Aderlaßtherapie bei Lungenkranken wandte. Er hat darüber 1835 eine Abhandlung: »Recherches sur les effets de la saignée dans quelques maladies inflammatoires et sur l'action de l'émétique et des vésicatoires dans la pneumonie« verfaßt. Darin ging er vor allem gegen die Broussai'sche Krankheitslehre vor, die Ursache der verheerenden Aderlaßtherapie war. Sicher hatte Chopin davon Kenntnis und konsultierte ihn schon alleine deswegen. Louis hatte aber auch große Erfahrung in der pathologischen Anatomie der Lungenkrankheiten und darüber bereits 1825 ein Lehrbuch herausgebracht. Wenn Chopin schreibt, daß er wie die beiden anderen Ärzte nur herumgetastet habe, so ist das nicht wörtlich zu nehmen. Louis wußte nur allzugut über den hoffnungslosen Zustand Chopins Bescheid, da er ihm aber nicht mehr zu helfen vermochte, mußte er sich mit allgemeinen Ratschlägen begnügen.

Im Frühjahr 1849 wechselte Chopin erneut den Arzt. Ein Dr. Frenkel, Homöopath wie Molin und Simon, übernahm die Behandlung. Chopin war aber nicht zufrieden mit ihm. In einem Brief an Grzymala vom 18. Juni läßt er sich über ihn nicht sehr schmeichelhaft aus: »Von meinem Dr. Frenkel kann man unmöglich erfahren, ob ich in ein Bad oder nach Süden fahren soll. – Seine »Tisane« hat er wieder abgestellt, eine andere Arznei verordnet, wieder will ich sie nicht nehmen; und wenn ich ihn nach der Hygiene frage, sagt er, daß ich keine regelmäßige Lebensweise brauche. Mit einem Wort, er gehört in eine Verrücktenanstalt. Scherz bei Seite, vielleicht ist er ein guter Konsultationsarzt.« In einem Brief vom 22. Juni fügt er hinzu: »Heute nacht hatte ich zweimal einen Blutsturz. Habe aber nichts dagegen getan, und spuckte Blut, doch bereits viel weniger ... Mein Jude Frenkel war schon seit einer Woche nicht hier ...« Es ist anzunehmen, daß sich in der Zwischenzeit andere Ärzte um Chopin gekümmert hatten, denn er erwähnt in einem weiteren Schreiben, daß die Ärzte von ihm 10 Francs pro Visite verlangten und manchmal zweimal am Tag kämen.

Inzwischen hatten sich Komplikationen der Lungentuberkulose eingestellt, die das Ende ankündigten. So traten Wasseransammlungen in den Beinen (Beinödeme) als Zeichen des Herzversagens auf. Chopin erwähnt sie am 2. Juni in einem Brief an Grzymala: »Seit vorgestern spucke ich kein Blut mehr – die Beine sind abgeschwollen – nun bin ich noch schwach und faul, kann nicht gehen – schnaufe – und Deine Treppen! !« Das Abschwellen der Beine war nur vorübergehend, wie man das bei Herzkranken nach längerem Liegen oder durch Salzrestriktion auch ohne medikamentöse Behandlung oft erlebt. Die Anspielung auf »Die Treppen« findet ihre Erklärung darin, daß Chopin sich nach tagelangem Krankenlager immer wieder dazu aufraffte, seine Freunde aufzusuchen. Darauf spielt auch ein Brief der Sängerin Pauline Viardot an, die im Febraur 1849 an George Sand geschrieben hatte: »Seine Gesundheit verschlechtert sich langsam, es gibt bessere Tage, an denen er im Wagen ausfahren kann, und andere, an denen er Blut spuckt und unter erstickenden Hustenanfällen leidet«.

Eine zweite Komplikation stellte sich Anfang Juli in Form von Diarrhöen ein. Die Ursache dafür dürfte im

Übergreifen der Tuberkulose auf den Darm zu sehen sein, da diese Art der Komplikation im Finalstadium der Lungentuberkulose häufig war. Möglicherweise trugen aber auch die unzähligen Medikamente, die Chopin einnahm, zu den Diarrhöen mit bei.

Die anhaltende Diarrhoe bewog Chopin wahrscheinlich, als weiteren Arzt Jean Cruveilhier (1791–1874) zu konsultieren. Er war wegen seiner Kenntnisse auf dem Gebiet der Magen-, Darm- und Leberkrankheiten bekannt. Wie Louis gehört er zu den hervorragenden Ärzten des letzten Jahrhunderts. Er hatte die erste Professur für pathologische Anatomie an der Pariser Medizinischen Fakultät inne. Sein zweibändiger farbiger Atlas »Anatomie pathologique du corps humain« ist ein klassisches Werk der Medizingeschichte, in dem nicht nur damals schon geläufige Krankheiten beschrieben werden, sondern auch neu entdeckte Krankheitsbilder wie Magengeschwüre und Stenosen des Magenausgangs dargestellt sind. Cruveilhier verordnete Chopin Ruhe und eine harmlose Schwefellösung zum Einnehmen. Seine Äußerung, wenn Chopin die Homöopathie zu Zeiten Molins gutgetan habe, »so deswegen, weil dieser ihn nicht mit Medikamenten überladen und viel der Natur überlassen habe«, spricht für seine vernünftigen therapeutischen Ansichten.

Ende Juni 1849 hatte Chopin erstmals seine Schwester Louise auf den Ernst seiner Krankheit aufmerksam gemacht. Er flehte sie an, nach Paris zu kommen: »Wenn Ihr könnt« schreibt er in einem Brief an sie, »so kommt. Ich fühle mich schwach, und kein Doktor wird mir so helfen wie Ihr. Wenn Ihr Geld braucht, so leiht es Euch, wenn ich mich besser fühle, werde ich es leicht verdienen und es dem zurückgeben, der es Euch leihen wird, doch jetzt bin ich zu bettelarm, um Euch etwas zu schicken.

Erst Anfang August erhielt Louise die Ausreisegenehmigung aus Polen und eilte sofort nach Paris. Um auch die letzten Behandlungsmöglichkeiten auszuschöpfen, veranlaßte sie ein Konsilium von Cruveilhier, Louis und Blache, das Anfang September stattfand. Blache war am Hôpital Cachin als Kinderarzt tätig und galt als vorzüglicher Diagnostiker. Chopins scherzhafte Bemerkung: »Er wird mir sicher helfen, da ich doch der Kindheit so nahe bin«, bezieht sich darauf. Damit standen drei der bedeutendsten Ärzte der damaligen Zeit an Chopins Krankenlager. Sie waren sich einig darüber, daß Chopins Zustand hoffnungslos und sein Tod nur eine Frage von Wochen bis Monaten war. Deswegen verordneten sie keinen Kuraufenthalt mehr, sondern begnügten sich damit, dem Kranken den Umzug in eine nach Süden gelegene Wohnung in Paris anzuraten. So siedelte der todkranke, inzwischen gänzlich bettlägerige Chopin an die Place Vendôme über. Er konnte jetzt kaum noch sprechen, was am ehesten Folge eines Übergreifens der Tuberkulose auf den Kehlkopf war. Die Behandlung hatte Cruveilhier übernommen. Er war es auch, der am 17. Oktober morgens zwischen 3 und 4 Uhr Chopins Tod feststellte. Zuvor spielten sich in Chopins Sterbezimmer aber manche Szenen ab, über die Pauline Viardot an George Sand berichtete: »Alle großen Damen von Paris fühlten sich verpflichtet, in seinem Zimmer in Ohnmacht zu fallen, wo eine Menge von Zeichnern hastig Skizzen machte und ein Daguerreotypist das Bett ans Fenster stellen wollte, damit der Sterbende in der Sonne läge. Darauf hat der getreue Gutmann diese fleißigen Männer voller Abscheu vor die Tür gesetzt.«

Der »getreue Gutmann« behauptete später, Chopin sei in seinen Armen gestorben, was aber von der Nichte Chopins, Louise Ciechamska, energisch dementiert wurde. Sie behauptete, Gutmann sei beim Tode ihres Onkels

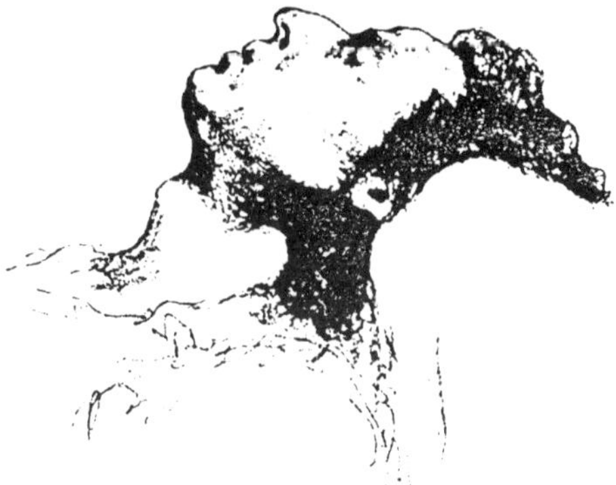

Chopin auf dem Totenbett. Zeichnung von Th. Kwiatkowski,
aus R. Bory: La vie de Frédéric Chopin par l'image.
Editions Alexandre Jullien, Genève 1951.

Chopins Grab auf dem Friedhof Père Lachaise,
Paris im Januar 1986 (Foto Sybille Franken).

überhaupt nicht in Paris gewesen. Chopins Schüler Gavard gibt denn auch eine andere Schilderung der letzten Stunden seines Lehrers. Danach wurde Chopin von Cruveilhier und einem zweiten konsiliarisch hinzugezogenen Arzt nochmals untersucht. Anschließend soll Cruveilhier Chopin gefragt haben, ob er leide, worauf dieser antwortete: »nicht mehr«. Da Chopin nicht mehr sprechen konnte, erscheint auch die Schilderung Gavards zweifelhaft.

Mit einem Fragezeichen ist auch die Authentizität des Zettels zu versehen, auf dem Chopin die Öffnung seines Leichnams gefordert haben soll, damit er nicht lebendig begraben würde. Der Text lautet: »Comme cette toux m'étouffera, je vous conjure de faire ouvrir mon corps, pour que je suis pas enterré vif.« Die Chopinforschung glaubt inzwischen herausgefunden zu haben, daß der Zettel nicht von Chopin, sondern von seinem Vater geschrieben wurde, der ebenfalls an Tuberkulose starb. Aus Angst vor dem lebendig begraben zu werden hatte er eine Obduktion seines Leichnams gewünscht.

Als weitere rührselige Szene werden das Erscheinen einer der Lieblingsschülerinnen Chopins, Delphine Potocka, die einige Lieder am Sterbebett sang, und Chopins Beichte beschrieben. Da er Katholik war, legte man Wert darauf, daß er in den Armen der Kirche verschied. So nahm der polnische Abbé Alexander Jelowicki die letzte Beichte ab und fand darüber später Rührendes zu berichten, obwohl Chopin, ähnlich wie Rossini, nicht ganz aus eigenem Willen zum Beichten veranlaßt worden war. Sensationslust trieb manchen in das Sterbezimmer Chopins, denn sein Tod war ein gesellschaftliches Ereignis in Paris, das man sich nicht entgehen lassen wollte.

George Sands Schwiegersohn nahm Chopin die Totenmaske ab. Anschließend erfolgte die Obduktion durch

Cruveilhier. Einer der besten Obduzenten seiner Zeit war damit aufgeboten, und wir hätten heute sicher ein beispielgebendes Sektionsprotokoll zur Hand, wenn es nicht einem Brand zum Opfer gefallen wäre. So besitzen wir nur vage mündliche Äußerungen über den Obduktionsbefund, die auch noch aus dem Munde von Jane Stirling stammen. Von Cruveilhier hatte sie angeblich erfahren, daß die Autopsie nichts über das Prinzip von Chopins Tod ergeben habe, die Lunge aber weniger in Mitleidenschaft gezogen gewesen sei als das Herz. Bei der Bewertung dieser Aussage ist deswegen Vorsicht geboten, weil Jane Stirling den Eindruck vermeiden wollte, sie sei eng mit einem Tuberkulosekranken befreundet gewesen. Aus Cruveilhiers Äußerung läßt sich andererseits schließen, daß das Herz durch die jahrelange Lungenkrankheit enorm vergrößert gewesen sein könnte und die Todesursache »Herzversagen bei allgemeiner Kachexie« war.

Die Trauerfeierlichkeiten fanden am 30. Oktober statt, wobei Mozarts Requiem zur Aufführung gelangte. Anschließend folgte die Beisetzung auf dem Friedhof Père-Lachaise, wo das Grab Chopins heute noch zu den blumengeschmücktesten gehört. Sein einbalsamiertes Herz wird in der Heilig-Kreuz Kirche in Warschau aufbewahrt.

Der Tuberkuloseverlauf bei Chopin

Um den jahrelangen Verlauf von Chopins Erkrankung richtig einzuschätzen, sind einige Bemerkungen zur Ätiopathogenese (Ursache und Entstehung) der Lungentuberkulose erforderlich. Man wußte damals, daß die Krankheit ansteckend war, hatte aber noch keine genauen Vorstellungen über den Ansteckungsmodus und die Ursachen der so unterschiedlichen Verlaufsformen, die von ganz akuten Formen mit tödlichem Ausgang innerhalb weniger Wochen bis zu jahrelangen Verläufen schwanken. Erst nachdem Robert Koch (1843–1910) im Jahre 1882 das Mycobakterium tuberculosis als Erreger entdeckt hatte, waren genauere Einblicke in das Wesen der Krankheit möglich. Als Wilhelm Röntgen (1845–1923) dreizehn Jahre später die nach ihm benannten Strahlen, mit denen man die Lunge sichtbar machen kann, entdeckte, waren die Voraussetzungen geschaffen, beim Kranken während des Lebens in der Lunge den Verlauf zu studieren. So gelang es im Laufe der Jahre, die verschiedenen Spielarten, in denen sich die Lungentuberkulose manifestiert, zu erforschen. Sie sind abhängig von der allgemeinen Abwehrlage (Immunität) des befallenen Kranken. Ist seine Abwehrlage schlecht, breiten sich die Tuberkulosebakterien ungehemmt in der Lunge und anderen Organen aus, man nennt das »miliare Aussaat« (milium = das Hirsekorn) wegen der unzähligen kleinsten Entzündungsherdchen, und der schnelle Tod ist die Folge. Das ist aber nicht die Regel, sondern eher die Ausnahme. Im allgemeinen verfügt der Organismus über so viele Abwehrkräfte, daß er die eingedrungenen Tuberkulosebakterien entweder zu vernichten oder wenigstens abzukapseln vermag. Die Bakterien ihrerseits nehmen jede Gelegenheit einer Resistenzschwäche wahr, um die Abwehrreaktionen zu unterlaufen, die Abkapselungen zu durchbrechen und sich weiter auszubreiten. Dieses hin und her bildet den Ausgangspunkt für die jahre- oder jahrzehntelang verlaufenden chronischen Tuberkuloseerkrankungen.

Bis zur Mitte unseres Jahrhunderts wurde in Mitteleuropa fast jeder Mensch in seiner Jugend mit der Tuberkulose infiziert. Die Infektionsquellen lauerten überall, sei es in Form der hustenden Tuberkulosekranken und deren verschiedenen Exkrementen und Sekreten, oder in Form von infizierten Nahrungsmitteln, besonders der Kuhmilch. Sie sind heute kaum noch vorhanden, weswegen in unseren Breiten bei weitem nicht mehr jeder infiziert wird. Bei der Erstinfektion kommt es meistens nur zu einer ganz umschriebenen Entzündung in der Lunge, zum Primärinfiltrat, das nach wenigen Wochen, oft ohne Beschwerden, wieder verschwindet, sofern die Abwehrlage gut ist. Reichen die Abwehrkräfte nicht aus, erfolgt der zweite Schritt der Infektion: Es treten kleine Absiedlungen von Tuberkelbakterien in der Lunge, die sog. Frühinfiltrate, auf, die unter Bildung kleiner Narben aufgefangen werden können und, davon abgesehen, keine weiteren Folgen zu hinterlassen brauchen. Ist aber die Abwehrlage ungenügend, beginnt die Krankheit nunmehr gefährliche Ausmaße anzunehmen. Das entzündete Lungengewebe wird langsam zerstört – nekrotisch –, schmilzt ein, und sobald der Anschluß an einen kleinen Bronchialast (Abzweigung der Luftröhre) erfolgt ist, hustet der Kranke das nekrotische Gewebe aus; zurück bleibt ein regelrechtes Loch in der Lunge, die Kaverne. Wird bei diesem Vorgang ein Blutgefäß in Mitleidenschaft gezogen, treten als Komplikation die gefürchteten Blutstürze auf. Der Blutverlust kann dabei so erheblich sein, daß der Kranke daran stirbt. Um dem Größerwerden der Kaverne entgegenzuwirken, wird sie mit Bindegewebe umgeben, das bei günstigen Verhältnissen in die Kaverne einwächst und sie zur Schrumpfung bringt. Das bedarf langer Zeit, und so können Monate bis Jahre vergehen, ehe eine Kaverne geschrumpft und geschlossen ist. In diesem Stadium der Erkrankung kann sich eine Art Gleichgewicht einstellen, indem einerseits immer wieder neue Kavernen entstehen, andererseits bestehende Kavernen mit Bindegewebe umgeben und geschlossen werden. Man kann sich vorstellen, daß der dauernde Kampf gegen das Vordringen der

Tuberkulosebakterien die letzten Kraftreserven des Körpers erfordert. Die Folge davon ist die allmähliche Abmagerung, die »Auszehrung«, wie der Volksmund das nennt. Hinzu kommt auch, daß das ständige Verschlukken von Eiter und Sekret bei den Hustenanfällen den Magen-Darm-Trakt in Mitleidenschaft zieht und es dadurch zur Appetitlosigkeit und zu Verdauungsstörungen kommt. Der Tod tritt bei derartigen Verläufen aber oft nicht an der Tuberkuloseerkrankung selbst, sondern durch damit verbundene Komplikationen, vor allem seitens des Herzens, ein.

Wenn wir uns den geschilderten Verlauf der chronischen Lungentuberkulose vor Augen halten, läßt sich Chopins Erkrankung gut darin einordnen. Infiziert wurde er mit Sicherheit schon in der Jugend, wobei nicht zu entscheiden ist, welche Bedeutung dabei der Erkrankung seiner Schwester Emilia zukommt. Von ihr kann er erstmals, oder aber im Anschluß an eine Erstinfektion aus anderer Quelle nochmals infiziert worden sein. Über das Stadium der Frühinfiltrate scheint die Erkrankung bei ihm aber zunächst nicht hinausgegangen zu sein. Nach einigen Jahren der Krankheitsberuhigung flackerte sie dann erstmals im Winter 1835 wieder sichtbar auf, wurde aber ziemlich rasch zurückgedrängt. Nach einer nochmaligen Beruhigung kam es im folgenden Winter zu einem erneuten, diesmal stärkeren Ausbruch. Bedrohlich wurde die Erkrankung dann auf Mallorca im Herbst 1838, wobei die Reisestrapazen mit verantwortlich waren. Jetzt kam es zu Kavernenbildungen mit Blutstürzen, die im letzten Augenblick zum Stehen kamen, sonst wäre Chopin schon damals gestorben. Anschließend folgte ein jahreslanges Auf und Ab der Erkrankung, währenddessen das Vordringen der Bakterien immer wieder aufgehalten wurde, am Ende aber doch langsam fortschritt. Chopin war nunmehr durch die dauernde Entzündung der Lunge erheblich geschwächt, wozu sich noch eine Blutarmut durch die ständigen Blutverluste beim Abhusten gesellte. Er starb aber, wenn man die Äußerungen Cruveilhiers berücksichtigt, nicht primär an seiner Lungentuberkulose, sondern an Überlastung des Herzens durch die Einschränkung der Atemfläche in der zerstörten Lunge. Die Vorzeichen davon waren seine Beinödeme und verstärkte Atemnot mit Erstickungsanfällen. Als Komplikationen waren wahrscheinlich im Finalstadium der Kehlkopf und der Darm von der Tuberkulose mitbefallen, eine logische Konsequenz des ständigen von infektiösem Auswurf begleiteten Hustens. Chopins Schicksal war somit besiegelt.

Die Ärzte Chopins

In einer einschlägigen Chopin-Biographie aus dem Jahre 1977 trägt ein Kapitel die Überschrift »Unfähige Ärzte«. Man möchte die Überschrift am liebsten in »unfähige Biographen« umändern, da sich der Verfasser der Biographie, bevor er eine derart unqualifizierte Überschrift veröffentlichte, wohl keine Gedanken über den Stand der Medizin im vergangenen Jahrhundert und über die Möglichkeiten der Ärzte, die Chopin behandelten, gemacht hat. Es wurde bereits einigemale dargelegt, daß am Krankenbett Chopins eine ganze Reihe bedeutender Ärzte stand, deren Wirken weit über ihre Zeit hinausreicht. Sie taten das, was man zu ihrer Zeit für einen Tuberkulosekranken tun konnte, sie verordneten ihm gute Ernährung, Schonung und Ruhe. An Medikamenten gaben sie symptomatisch wirkende Mittel gegen den unerträglichen Hustenreiz, wie Opiumtropfen, von denen Chopin sicher reichlich genommen hat. Anderes stand ihnen nicht zur Verfügung. Worüber sie aber verfügten, war genügend Verstand, um sich gegen die unselige Aderlaßtherapie, die allenthalben in Mode war, zu wenden. Da sich dieser Therapie gegenüber ebenso die homöopathisch ausgerichteten Ärzte ablehnend verhielten und vieles der Natur überließen, ist auch ihr Handeln als vernünftig zu bezeichnen. Die homöopathischen Mittel, mit denen sie Chopin behandelten, waren mit Sicherheit unschädlich, was alleine schon im therapeutischen Konzept der Homöopathie, »nur mit kleinsten Dosierungen« zu therapieren, begründet ist. Den drei medizinischen Größen von Mallorca wird man ihr beschränktes Denken nicht vorwerfen können. Da Chopin und George Sand sich gegen die von ihnen angeordneten Aderlässe energisch zur Wehr setzten, übten sie auch keinen negativen Einfluß auf den Verlauf von Chopins Leiden aus. Dessen Abscheu gegenüber dem Aderlassen, von einem entscheidenden Jugendeindruck herrührend, hat mit dazu beigetragen, daß er, sonst von vernünftigen Ärzten behandelt, sein Leben um Jahre verlängert hat.

Literatur

Audley, A.: Frédéric Chopin, sa vie et ses oeuvres. Paris 1880.

Barry, K.L.: Chopin und seine 14 Ärzte. In: Chopin-Almanach zum 100. Todestag. Potsdam 1949.

Binental, L.: Chopin, Dokumente und Erinnerungen aus seiner Heimatstadt Warschau. 1930. Deutsch v. A. Guttry. Leipzig 1932.

Blume, F.: Die Musik in Geschichte und Gegenwart. Bd. 2, Kassel 1952.

Böhme, G.: Medizinische Porträts berühmter Komponisten. 2.Aufl., Stuttgart–New York 1981.

Bourniquel, C.: Frédéric Chopin in Selbstzeugnissen und Bilddokumenten, Hamburg 1976.

Bury, R.: La vie de Frédéric Chopin. Genf 1951.

Cherbúliez, A.E.: Frédéric Chopin, Leben und Werk. Zürich 1948.

Cortot, A.: Chopin, Wesen und Gestalt. Zürich 1954.

Egert, P.: Friedrich Chopin. Potsdam 1936.

Enault, L.: Chopin. Paris 1856.

Franken, F.H.: Chopin und die Tuberkulose. In: Das Leben großer Musiker im Spiegel der Medizin. Stuttgart 1959.
Ganche, E.: Chopin, sa vie et ses oeuvres. »Mercure de France«. Ausg. Paris 1923.
Ganche, E.: Souffrances de Chopin. »Mercure de France«. Paris 1935.
Gavoty, B.: Chopin. Aus dem Französischen von Susi Pirqué. Wunderlich, Tübingen 1977.
Grove, E.: Chopin. In: Dictionary of Music and Musicians. London 1954.
Guttry, A.v.: Friedrich Chopin. Gesammelte Briefe. München 1928.
Hadden, J.C.: Chopin. London 1903.
Hedley, A.: Chopin. London 1947.
Hoesick, F.: Chopin. His Life and Works. Warschau 1904.
Huneker, J.: Chopin, the Man an his Music. New York 1900. Deutsch v. Lerme u. Glücksmann München 1914.
Karasowski, M.: Chopin. Sein Leben und seine Briefe. Dresden 1877.
Kaupert, W.: Chopin als Lehrer. »Musik im Unterricht« 42, 1951.
Kobylanska, K.: Chopin in der Heimat. Urkunden und Andenken. Krakau 1955.
Koczalski, R.: Frédéric Chopin: Beobachtungen, Skizzen, Analysen. Köln 1936.
Leichtentritt, H.: Frédéric Chopin. Berlin 1920.
Liszt, F.: Chopin. Urfassung 1852. Neu aufgelegt Basel 1948.
Long, E.R.: The Case of Frédéric Chopin. Lawrence 1956.
Moser, H.J.: Musiklexikon. Hamburg 1955.
Niecks, F.: Frédéric Chopin as a Man and Musician. 2 Bde. New York 1888. Deutsch von W. Langhans, Leipzig 1890.
Pourtales, Guy de: Der blaue Klang. Chopins Leben. Freiburg 1928.
Rehberg, W.u.P.: Chopin, sein Leben und seine Werke. Zürich 1949.
Sand, G.: Histoire de ma vie. Paris 1865.
Sand, G.: Un hiver à Majorque. Paris 1843.
Scharlitt, B.: Friedrich Chopin. Gesammelte Briefe. Leipzig 1911.
Tenand, S.: Portraits de Chopin. Paris 1950.
Weinstock, H.: Chopin, the Man and his Music. New York 1949. Deutsch v. Winkler, München 1950.
Weissmann, A.: Chopin. Berlin 1912.
Wierzynski, C.: The Life and Death of Chopin. New York 1949.
Willms, J.: Chopin und die Ärzte. Med.Welt 8 (1934).
Zagiba, F.: Chopin und Wien. Wien 1951.

Robert Schumann

(1810–1856)

Einleitung

Die Krankengeschichte Robert Schumanns hat Musikwissenschaftlern und Medizinern schon immer Rätsel aufgegeben. Nach wie vor bestehen heftige Diskussionen über die Art seiner Erkrankung, die auch heute noch von Polemik und moralischen Gesichtspunkten bestimmt werden. So fand der Verfasser nicht nur Zustimmung, als er beim ersten Düsseldorfer Schumannfest 1981 ein Schumannbild entwarf, das nicht in allem den gewohnten Vorstellungen über den Romantiker und großen Liebhaber entsprach, obwohl dabei manches nicht erwähnt wurde, was zur objektiven Einschätzung von Schumanns Persönlichkeit beiträgt. Selbst renommierte Musikwissenschaftler waren nicht davon zu überzeugen, daß sich das Schumannbild in den beiden letzten Jahrzehnten gewandelt hat. Die Gründe dafür sind offenkundig: Erst in den letzten Jahren wurden zahlreiche Dokumente der Öffentlichkeit zugänglich gemacht, die bisher in Archiven geschlummert oder von den Nachfahren Schumanns nicht freigegeben worden waren. Clara Schumann und ihre Töchter, als Verwalterinnen seines persönlichen und musikalischen Erbes, haben besonders dazu beigetragen, ein »wohlanständiges« Schumannbild für die Nachwelt aufzubauen. So strichen sie aus Briefen und Dokumenten willkürlich dasjenige heraus, was ihnen zur Veröffentlichung ungeeignet erschien. Auch Brahms vernichtete, ob aus Rücksichtnahme und unter Anleitung Claras oder um eigene Spuren zu verwischen, viele wichtige Dokumente zu Schumanns Leben. Die von Schumann penibel geführten Tage- und Haushaltsbücher wurden zudem zurückgehalten. Bis vor kurzem lag selbst der vollständig erhaltene Briefwechsel zwischen Clara und Robert unveröffentlicht in der Musikabteilung der Staatsbibliothek Preussischer Kulturbesitz in Berlin. Auszugsweise Veröffentlichungen davon hatte zwar Litzmann in seinem dreibändigen Werk über Clara Schumann publiziert, sie waren aber zuvor schon von Schumanns Tochter Marie dahingehend zensiert worden, daß alles, »was intime häusliche Vorgänge berührt«, zu eliminieren sei. Es leuchtet ein, daß sich auf diese Weise kein objektives Schumannbild erhalten ließ. Nach jahrelanger Vorarbeit gibt jetzt Eva Weissweiler den gesamten Briefwechsel zwischen Clara und Robert Schumann kritisch heraus. Berücksichtigt werden konnten hiervon nur Band 1 der vorgesehenen dreibändigen Ausgabe.

Bei aller Kritik darf jedoch nicht vergessen werden, daß sich zu der Tragödie, die Schumanns Leben bestimmte, erst jetzt genügend Distanz entwickelt, die eine objektive Betrachtungsweise möglich macht.

Jugend- und Studentenjahre

Für den Mediziner gewinnt Schumanns Leben mit dem Beginn seiner Tagebuchaufzeichnungen 1827 Interesse. Zuvor gibt es wenig zu berichten, das für seine Krankengeschichte bedeutungsvoll wäre. Erwähnt sei, daß sich seine Schwester Emilie in selbstmörderischer Absicht mit 29 Jahren aus dem Fenster stürzte. Warum, ist bis jetzt nicht genau geklärt; depressive Verstimmungszustände sollen dabei maßgebend gewesen sein. Der Vater (1772–1826) war zwar in seinen späteren Jahren kränklich, ansonsten aber ein tüchtiger Buchhändler, der sich auch literarisch betätigte. Die Mutter (1771–1836) konnte man durchaus als lebenstüchtig und robust bezeichnen.

Die Tagebuchaufzeichnungen beginnen in Zwickau, wo Schumann am 8. Juni 1810 geboren wurde. Während des Jurastudiums in Heidelberg 1929/30 wurden sie regelmäßig fortgesetzt. Schumann tritt uns dabei als ein junger Mann entgegen, der zwar immer wieder enorm fleißig sein konnte, die übrige Zeit aber ein ungezügeltes, ja wüstes Studentenleben führte. So war er oft fast täglich betrunken (»knill«, wie er sich ausdrückt) und schlug sich die Nächte um die Ohren. Seine Lieblingsgetränke waren Champagner, Bier und Wein. Er steckte ständig in Geldnöten und es drückten ihn Schulden. Außerdem war er in seinen Beziehungen zum weiblichen Geschlecht nicht gerade wählerisch oder kleinlich. Man findet in seinen Tagebüchern eine ganze Reihe von Mädchennamen, wie etwa zwei zusätzliche Claras, zwei Emilien, zwei Maries und dazu die bekannte Christel, genannt »Charitas«, weil sie sich Schumanns besonders intensiv sexuell erbarmte. Die Partnerschaft mit ihr dauerte dann auch über Jahre, denn noch Weihnachten 1837 finden wir den Vermerk im Haushaltsbuch, daß er ihr 2 Thaler zu Weihnachten geschenkt habe. Grob überschlagen lassen sich in den Tage- und Haushaltsbüchern mehr als 30 Mädchen nachweisen, mit denen Schumann intim gewesen sein konnte. Das ist in pathographischer Hinsicht deswegen so wichtig, weil dadurch für ihn ständig die Gefahr der Infektion mit einer Geschlechtskrankheit bestand, denn damals war die Bevölkerung Europas mit Gonorrhoe und Syphilis durchseucht. Es gab keine Behandlungsmöglichkeit, um wirkungsvoll dagegen vorzugehen, und keiner wußte, ob er

Robert Schumann als Student. Elfenbeinmedaillon.
Robert-Schumann-Museum, Zwickau.

den Krankheitskeim schon in sich trug oder seinen Partner angesteckt hatte, da sich die ersten Krankheitssymptome oft unbemerkt und schleichend einstellten. Besonders bei Frauen können Infektionen mit Gonorrhoe oder Syphilis fast unbemerkt ablaufen. Führt man sich das vor Augen, so kann sich Schumann während seiner Jugendjahre sehr leicht mit einer Geschlechtskrankheit infiziert haben. Es liegen auch Anhaltspunkte dafür vor, daß er deswegen ambulant im Krankenhaus behandelt wurde.

Darüber hinaus wissen wir durch die Veröffentlichung des ersten Bands der Tagebücher 1971, daß Schumann im Mai 1831 eine äußerst schmerzhafte Wunde am männlichen Glied hatte, die ihn wochenlang peinigte und mit »Narzissenwasser« lokal behandelt wurde. Die Wunde war sicherlich Folge manueller Manipulationen und trug zur Erhöhung der Ansteckungsgefahr bei.

Die Handverletzung

In die Studienzeit fällt auch Schumanns viel diskutierte Handverletzung, die Ärzten und Musikwissenschaftlern soviel Kopfzerbrechen macht. Die ersten Äußerungen darüber finden sich 1830 im Tagebuch, in dem es am 26. Januar heißt: » ...mein betäubter Finger«. Später bezeichnet Schumann den Finger auch als »incorrigible« oder » vollkommen steif«. An anderer Stelle lesen wir, daß die ganze rechte Hand krank sei, ja sogar einmal, im September 1830, daß der ganze Arm schmerze. Was war geschehen? Wasielewski (1822–1896), der erste und sicher nicht schlechteste Biograph Schumanns, der sich, um Objektivität bemüht, bald den Unwillen Claras zuzog, führt die Handverletzung auf eine Überdehnung der Sehne vor allem des dritten Fingers zurück. Seiner Meinung nach hatte sich Schumann, zusammen mit seinem Studien-

Josef von Wasielewski (1822–1896), der erste Schumannbiograph.
Universitätsbibliothek Düsseldorf.

freund Töpken, eine Apparatur ersonnen, um die technische Ausbildung als Klaviervirtuose zu beschleunigen. Soweit sich das rekonstruieren läßt – denn Schumann äußerte sich selbst nur zurückhaltend darüber – hatte er dazu an der Decke des Zimmers eine flexible Maschinerie angebracht, womit der Finger während des Übens in die Höhe gezogen wurde, um die anderen Finger zu stärken. Man kann sich die Apparatur vielleicht so vorstellen:

Mögliche Vorrichtung Schumanns zur Stärkung des rechten Mittelfingers, die zu seiner Verletzung führte. Zeichnung d. Verf.

Der amerikanische Psychiater und Schumannforscher Ostwald meint, Schumann habe evtl. einen Fingerstrecker benutzt, wie ihn der Klaviervirtuose Sigismund Thalberg (1821–1871) seinen Schülern später empfahl. Er hat eine Nachkonstruktion abgebildet.

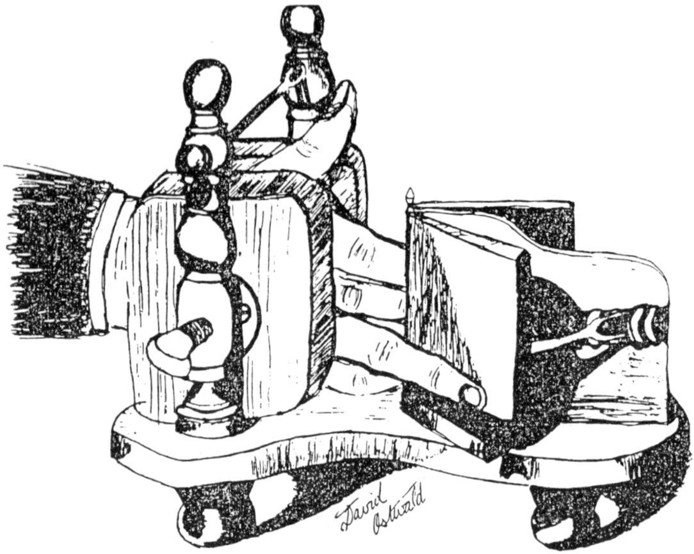

Fingerstrecker des Klaviervirtuosen Sigismund Thalberg (1821–1871). Nachkonstruktion von P.F. Ostwald, 1980.

Die Angaben Wasielewskis sprechen jedoch gegen diese Annahme. Schumann hätte das Wasielewski, der sich schon zu dessen Lebzeiten mit dem Gedanken einer Biographie trug, auf entsprechende Fragen wohl mitgeteilt. So aber erging er sich nur in unbestimmten Andeutungen.

In diesem Zusammenhang verdienen drei medizinische Gutachten aus den Jahren 1841 und 1842 Beachtung. Schumann wollte sich damals vom Dienst in der Leipziger Communalgarde befreien lassen, zu dem er als sogenannter Schutzverwandter Leipzigs (das Bürgerrecht hat er nie erworben) verpflichtet war. In seinem Befreiungsantrag macht er am 1. Februar 1841 geltend, daß er »zwei ganz schwache und gelähmte Finger an der rechten Hand« habe und »mit äusserster Kurzsichtigkeit behaftet« sei. Dem Antrag fügte er das Gutachten des Arztes Dr. Reuter bei, in dem es heißt: »Im Jünglingsalter bemerkte er [Schumann] zuerst, daß der Zeigefinger und der Mittelfinger seiner rechten Hand auffallend weniger Kraft und Gelenkigkeit als die übrigen besassen. Die längere Zeit fortgesetzte Anwendung einer Maschine, mittels welcher die genannten zwei Finger stark nach dem Handrücken angezogen gehalten wurden, hatte zur Folge, dass dieselben von nun an in einen lähmungsartigen Zustand verfielen ..., die Finger sind aber seitdem trotz vielfältiger Heilversuche in demselben lähmungsartigen Zustande verblieben, dergestalt, dass Herr Schumann beim Pianospielen den Mittelfinger garnicht, den Zeigefinger nur unvollkommen, gebrauchen kann, aber einen Gegenstand mit der Hand zu fassen und fest zu halten gänzlich ausser Stand ist«. Darauthin wurde Schumann vor den Stadtbezirksarzt Dr. Güntz geladen, der am 19. Juli 1841 eine amtliche Begutachtung durchführte. Dr. Güntz bestätigte, daß Schumann »den Zeige- und Mittelfinger infolge unvollständiger Lähmung nicht willkürlich und kräftig brauchen, daher zuverlässig die Gewehrgriffe nicht exercieren kann ...«. Trotzdem wurde das Freistellungsgesuch abgelehnt, und so legte Schumann ein neues Attest von Dr. Reuter vor, in dem dieser neben der erheblichen Kurzsichtigkeit die »apoplectische Constitution« und häufigen Schwindel mit der Gefahr eines »Schlagflusses« geltend machte. Der Communalgardenausschuß holte daraufhin nochmals ein ärztliches Gutachten, diesmal von dem Leipziger Arzt Dr. Brachmann, ein. Dieser hielt die Lähmung nur »für eine unvollkommene«, die Schumann, »wie allgemein bekannt«, nicht hindere, das Pianoforte zu spielen. Es könne denselben »also noch viel weniger ausser Stande setzen ein Gewehr zu handhaben ...« Mehr Bedeutung mißt Dr. Brachmann dagegen Schumanns Kurzsichtigkeit und dem »Blutandrange nach dem Kopfe« bei, der »durch das Exerciren mit der Waffe in der Hand die Gefahr eines Schlaganfalles« beinhalte. Daraufhin wurde Schumann nur als Reservist tauglich befunden, was einer Freistellung gleichkam.

Es wurden aber auch ganz andere Überlegungen über die Ursache der Handverletzung angestellt. So meinte Eric Sams 1971, daß es sich bei der Lähmung des dritten Fingers der rechten Hand um die Folge einer Quecksilberintoxikation durch eine Quecksilberschmierkur wegen einer luetischen Erkrankung gehandelt haben könnte. Die Neurologen Henson und Ulrich kamen 1978 jedoch zu der Überzeugung, daß man eher eine mechanische Nervenläsion annehmen müsse. Ostwald stellte auch zur Diskussion, ob Schumann nicht im betrunkenen Zustand über Stunden so unglücklich gelegen habe, daß eine Nervenkompression am Oberarm die Lähmung hervorgerufen habe. Gegen eine Quecksilberintoxikation spricht seiner Ansicht nach der Umstand, daß man bei der Untersuchung von Kopfhaaren Schumanns auf Quecksilbereinlagerungen später keine Spuren hiervon gefunden habe. Quecksilber lagert sich in den Haaren ab und ist als Schwermetall dort nachweisbar, solange das Haar existiert. Es verliert sich aber, wenn das Haar nachgewachsen ist, was bei Schumann der Fall gewesen sein dürfte, und weswegen Ostwalds Ansicht keine Beweiskraft zukommt.

Rückkehr nach Leipzig, erste Krankheitssymptome

Im Herbst 1830 gab Schumann das Jurastudium auf und kehrte von Heidelberg nach Leipzig zurück. Dort nahm er Unterricht bei Friedrich Wieck (1785–1873). Die Behinderung durch die rechte Hand ließ ihn aber bald nicht mehr an die Laufbahn eines Klaviervirtuosen denken, und so widmete er sich neben der Komposition literarischer Tätigkeit, die 1834 zur Gründung der »Zeitschrift für neue Musik« führte. Im gleichen Jahr verlobte er sich mit Ernestine von Fricken, löste das Verhältnis aber schon Ende 1835, als er sich seiner Liebe zu der 16jährigen Clara Wieck, der Tochter Friedrich Wiecks, bewußt geworden war.

Aus jenen Jahren finden sich in Briefen und in den Tagebüchern Andeutungen, die als Vorzeichen von Schumanns späterer Erkrankung angesehen werden können. Bei der Interpretation ist jedoch Vorsicht geboten, da die verschiedensten niederdrückenden äußeren Ereignisse zur Auslösung von depressiven Verstimmungszuständen führten, ein Umstand, dem bislang zu wenig Beachtung geschenkt wurde. Er erklärt sich teilweise dadurch, daß die entsprechenden Dokumente nur auszugsweise zur Verfügung standen. So geht der oft zitierten Stelle »von der Sehnsucht sich in den Rhein zu stürzen« im Tagebuch von 1830 die Bemerkung voraus, daß er »aus Langeweile betrunken« und »schwer knill« gewesen sei. Die immer wieder angeführte Stelle aus einem Brief an Clara 1838, daß sich 1833 der fürchterlichste Gedanke »den Verstand

Friedrich Wieck (1785–1873).

Clara Wieck (1819–1896). Zeichnung von E. Fechner.

zu verlieren« seiner bemächtigt habe, ist aus dem Zusammenhang gerissen. Unmittelbar zuvor waren sein Bruder Julius und seine Schwägerin Rosalie, an der er besonders hing, gestorben. Die Reaktion des Arztes, den er wegen seiner Depressionen aufsuchte, war deswegen auch bezeichnend. »Medizin hülfe hier nichts«, sagte er, »suchen Sie sich eine Frau, die curirt Sie gleich«. Ernster zu nehmen sind dagegen die Tagebuchaufzeichnungen vom März 1833, in denen von »Qualen fürchterlichster Melancholie vom October bis December« und »die fixe Idee wahnsinnig zu werden« die Rede ist.

Gänzlich aus dem Zusammenhang gerissen ist auch die immer wieder zitierte Briefstelle an Clara vom 28. November 1837: »Mir träumte, ich ging an einem tiefen Wasser vorbei, da fuhrs mir durch den Sinn und ich warf den Ring hinein – da hatte ich unendliche Sehnsucht, dass ich mich nachstürzte«. Der Satz ist nur zu verstehen, wenn man den Inhalt des Briefes von Clara kennt, den Schumann beantwortete. Clara hatte Schumann geschrieben, daß der Ring [sie hatte ihn von Schumann geschenkt erhalten], »nur ein äusseres Band sei« und Ernestine von ihm auch einen Ring und sein »Jawort« erhalten habe. Auf diesen Vorwurf antwortet Schumann und bemerkt dazu, daß er den Ring, von dem sie so wenig halte, auch nicht mehr trage. Es folgen langatmige Ausführungen über die Streitigkeiten mit Claras Vater, die dadurch erzwungene Trennung von Clara und anderes mehr, was dem Ganzen ein anderes Gesicht gibt. Davon abgesehen ist von Depressionen zumindest bis 1839 in den Briefen an Clara, die sich oft durch eine zermürbende Ausführlichkeit auszeichnen, keine Rede mehr. Anlaß dazu hätte allerdings genug bestanden, denn das Verhalten des alten Wieck gegenüber Schumann, der sich mit Clara seit 1836 als verlobt betrachtete, war ungemein demütigend, verletzend, ja brutal. Dabei ist auch die Haltung Claras nicht immer so eindeutig, wie man das noch annimmt. Sie liebte ihren Vater und war ihm noch über Jahre hindurch hörig. Sosehr sie auch Schumann gegenüber ihre Liebe beteuerte, er konnte sich seiner Sache lange Zeit durchaus nicht so sicher sein, wenn er Briefe mit Vorbehalten und ausweichenden Antworten erhielt, hinter denen Wieck steckte. So schrieb er noch am 24. Oktober 1838 an Clara: »Einen wirst Du lassen müssen, Ihn oder mich«.

In den erst 1982 vollständig erschienenen Haushaltbüchern finden sich freilich immer wieder Notizen über »Schwermuth« oder »Unwohlsein«, jedoch ohne nähere Umschreibungen. Zeit seines Lebens drückt sich Schumann in seinen Tage- und Haushaltsbüchern nur stichwortartig aus.

Von Oktober 1838 bis April 1839 lebte Schumann in Wien, wohin er die Redaktion seiner »Zeitschrift für Neue Musik« verlegen und sich nach der Heirat mit Clara dauerhaft niederlassen wollte. Es gelang ihm aber nicht, die Genehmigung zum Erscheinen der Zeitschrift zu erhalten, und so zerschlugen sich die Wienpläne.

Nach Leipzig zurückgekehrt, drang Schumann auf eine gerichtliche Entscheidung, die ihm die Möglichkeit gab, Clara, auch gegen den Willen Wiecks, zu heiraten. Nach unerfreulichem Prozessieren, bei dem Wieck besonders unangenehm in Erscheinung trat, wurde Schumann die Heirat mit Clara vom Gericht genehmigt. Die Hochzeit fand am 12. September 1840 statt. Über die Härte der Auseinandersetzungen vor Gericht und die schwierige Situation, in der Clara sich befand, gibt ein von Amalie Rieffel festgehaltener Satz Wiecks vor Gericht besser Auskunft als Schilderungen aus zweiter Hand. Danach rief Wieck, als Clara aussagte, sie werde unerschütterlich zu Schumann halten, in den Gerichtssaal: »So verfluche ich Dich, und Gott gebe, dass Du eines Tages bettelnd mit Deinen Kindern vor meiner Türschwelle erscheinen mögest«. Daß es dazu nicht kam, ist allein schon dem Umstand zu verdanken, daß Clara von ihrem Vater einen guten Teil Geschäftstüchtigkeit und Zähigkeit geerbt hatte und Schumann als Ehemann in Geldangelegenheiten äußerst penibel wurde. In späteren Jahren, als ihm bewußt wurde, welche bedeutende Persönlichkeit er in seinem Schwiegersohn besaß, machte Wieck recht plumpe Annäherungsversuche an Schumann, die dieser zwar Clara zuliebe äußerlich versöhnlich aufnahm, dabei aber sehr reserviert blieb.

Ehejahre in Leipzig

Man könnte sich vorstellen, daß die im Zusammenhang mit den aufreibenden Auseinandersetzungen und Spannungen mit Wieck aufgetretenen Depressionen Schumanns nach der Heirat mit Clara geschwunden seien. Das ist jedoch bezeichnenderweise nicht der Fall. Im Gegenteil, mit der Befreiung aus der bedrückenden Situation traten sie stärker auf als zuvor. Die Eintragungen in den Haushaltsbüchern geben uns ein gutes Bild darüber. Schon im Februar 1841 ist darin von »Unwohlbefinden«, von »ewig krankhafter Spannung« und von »Melancholie« zu lesen. Ähnliche Eintragungen finden sich im April, im Juli, dann im Februar 1842 und 1843. Erstmals im Juli 1843 vermerkt Schumann »tagelang anhaltender Schwindel«. Man darf diese Eintragungen jedoch nicht einseitig betrachten, denn ebensooft spricht Schumann auch von »Wohlbefinden« und »fröhlichen« Stimmungslagen. Es ist ein ständiges Auf und Ab. Zu berücksichtigen ist auch, daß Schumann nach wie vor gerne übermäßig dem Alkohol zusprach und nach derartigen Exzessen von Katzenjammer heimgesucht wurde. Er hat das genau notiert. Als Komponist war er in diesen Jahren produktiv. Es entstanden seine drei Streichquartette, die Frühlingssinfonie, das Oratorium »Das Paradies und die Peri« und manches andere.

Anfang 1844 unternahmen die Schumanns eine viermonatige Reise nach Rußland. Die inzwischen geborenen beiden Töchter gab man solange zu Verwandten in Pflege. Für Clara als Klaviervirtuosin wurde die Reise ein Triumph, für Schumann, den man vornehmlich als ihren Reisebegleiter betrachtete, ein Fiasko. Er fühlte sich zurückgesetzt. Nach der Rückkehr von der recht strapaziösen Reise, verschlechterte sich seine Gesundheit und nahm erstmals besorgniserregende Ausmaße an. Die Depressionen nahmen zu und hielten länger an als zuvor. Im August 1844 notiert Schumann einen schweren »Anfall von Congestion«. Im Oktober äußerte er sich brieflich gegenüber Eduard Krüger ausführlicher über seine Beschwerden: » ... Aber Sie wissen vielleicht gar nicht, wie sehr krank ich war an einem allgemeinen Nervenleiden, das mich schon seit einem Vierteljahre heimgesucht, so dass mir vom Arzte jede Anstrengung, und wärs nur im Geist, untersagt war. Jetzt geht es etwas besser ...«. Schumann legte jetzt auch die Redaktion als Herausgeber der »Zeitschrift für Neue Musik« nieder und gab seine erst kürzlich zuvor begonnene Lehrtätigkeit in Mendelssohns Konservatorium wieder auf. Man wird wohl auch Gründe dafür gehabt haben, daß man ihm nicht, wie er gehofft hatte, die Leitung der Gewandhauskonzerte als Nachfolger Mendelssohns übertrug. Es dürfte mitbestimmend dafür gewesen sein, Leipzig zu verlassen und nach Dresden zu ziehen.

Dresden 1844–1850

Wie sich der Umzug nach Dresden im einzelnen gestaltete, wissen wir nicht genau. Er scheint sich aber über einige Monate bis zum Dezember 1844 hingezogen zu haben. Schumanns Befinden verschlechterte sich während der Umzugsmonate derart, daß er sich sogleich in Dresden in ärztliche Behandlung begab. Er konsultierte Doktor Helbig, der ihm kalte Sturzbäder verschrieb und auch eine Magnetisierungsbehandlung durchführte. Wasielewski forderte später für seine Schumannbiographie von Dr. Helbig einen Bericht an, der uns einigen Aufschluß über die damalige Symptomatik gibt. Schumann litt unter angstvollen Zuständen, eigentümlicher Todesfurcht, hatte Angst vor metallenen Gegenständen und lebte in der Furcht, vergiftet zu werden. Außerdem plagte ihn Schlaflosigkeit. In den Morgenstunden war sein Befinden besonders schlecht. Helbig erwähnt auch »Gehörstäuschungen«, ohne diese jedoch näher zu umschreiben.

Schumann selbst charakterisiert die wechselnde Symptomatik in seinen Haushaltbüchern und in Briefen verschiedentlich. So schreibt er im Januar an Breitkopf und Härtel, daß »die Anfälle von grosser Nervenschwäche« leider eher öfters erscheinen als seltener und er besorgt in die Zukunft blicke. Im Mai folgt an Verhulst die häufig zitierte Briefstelle: »Ich war oft sehr krank. Finstere Dämonen beherrschen mich«. Im Juli teilt er Mendelssohn mit, »was für einen schlimmen Winter ich gehabt, wie eine gänzliche Nervenabspannung und in ihrem Geleit ein Andrang von schrecklichen Gedanken mich fast zur Verzweiflung gebracht«. In den Haushaltbüchern finden sich Eintragungen wie »Nervenanfall heftiger« (Dezember 1844), »Grosse Gliederschwäche« (Januar 1845), »grosse Nervenschwäche wieder« (Februar 1845), »Nervenleiden« (Mai 1845). Im Sommer und Herbst folgen Eintragungen wie »krank«, »unwohl«, »Melancholie«. Im März 1846: »Abends merkwürdige Verstimmung des Gehörorgans«. Monoton kehren derartige Eintragungen wieder. Dabei darf aber auch jetzt nicht übersehen werden, daß sich, ähnlich wie in den vorangegangenen Jahren, Notizen über gutes Befinden ebenso häufig nachweisen lassen. Der Wechsel zwischen Melancholie und heiterem Befinden erfolgt oft plötzlich, über Nacht ist die Stimmung umgeschlagen.

Wie es so häufig bei chronisch Kranken zu beobachten ist, wechselte Schumann immer wieder den Arzt. Im Herbst 1845 konsultierte er auch Carl Gustav Carus (1779–1886), den Leibarzt des königlichen Hauses von Sachsen und Verwandten des berühmten Dresdener Arztes Carl Gustav Carus (1789–1869). Er verschrieb ihm Pillen, die ihm aber laut Haushaltbüchern schlecht bekamen.

Trotz seiner ständigen Klagen war Schumann auch in den Dresdner Jahren als Komponist äußerst produktiv. Er schrieb einige seiner großartigsten Kompositionen, die Zweite Sinfonie, das berühmte Klavierkonzert für Clara, die Oper »Genoveva« und das Liederalbum für die Jugend. Da er nur das Amt des Direktors der Dresdner Liedertafel innehatte, gründete er noch einen gemischten Chor und lebte davon abgesehen frei und ungebunden. Clara dagegen hatte einen immer größer werdenden Haushalt zu versehen. In den sechs Dresdner Jahren gebar sie alleine vier Kinder. Ihre Virtuosenlaufbahn erfuhr dadurch zwar eine Beeinträchtigung, aber keine gänzliche Unterbrechung. Wenn man bedenkt, daß sie dazuhin für den immer kränkelnden und klagenden Schumann zu sorgen hatte, kann man sich ein Bild davon machen, mit welch robuster Natur, Zielstrebigkeit und Intelligenz sie ausgestattet gewesen sein muß. Bemerkenswert erscheint

Clara und Robert Schumann am Tafelklavier.
Stahlstich nach einer Daguerreotypie 1850.

Wolfgang Müller von Königswinter (1816–1873).
Holzstich von A. Neumann, Stadtmuseum Düsseldorf.

Rheinfront bei Düsseldorf mit Badehäuschen. In solchen Häuschen nahm Schumann die »Rheinbäder«. Stahlstich von J.M. Kolb 1845. Stadtmuseum Düsseldorf.

in diesem Zusammenhang, daß man in den zahlreichen Brautbriefen, in denen bis ins Detail über Wohnung, Einrichtung, Haushalt oder künstlerische Tätigkeit Pläne geschmiedet werden, kein Wort über die natürlichen Folgen und die Hauptbelastung nach einer Heirat, nämlich von Kindern, die Rede ist. Das Problem wurde entweder verdrängt, oder man empfand es, dem Zeitgeist entsprechend, als so selbstverständlich, daß man kein Wort darüber verlor. Jedenfalls lassen sich daraus einige Rückschlüsse auf Claras späteres Verhalten ihren Kindern gegenüber ziehen.

Als man Schumann die Stelle des Düsseldorfer Musikdirektors, als Nachfolger von Ferdinand Hiller, antrug, entschloß er sich schnell, dem Ruf zu folgen. Wenn man sich die ständigen Klagen Schumanns über seine schlechte Gesundheit vor Augen hält, staunt man, mit welcher Bedenkenlosigkeit das geschah. Die treibende Kraft dabei dürfte Clara gewesen sein, die sich in Dresden nie wohlgefühlt hatte.

Musikdirektor in Düsseldorf

Am 2. September 1850 traf die Familie Schumann in Düsseldorf ein. Sie wurde von Ferdinand Hiller und dem Konzertdirektorium empfangen. Die Düsseldorfer demonstrierten damit, daß sie sich wohlbewußt darüber waren, welch bedeutende Persönlichkeit sie als Musikdirektor gewonnen hatten. Es schlossen sich in den nächsten Tagen mehrere Festlichkeiten und Empfänge an. So ließ sich die Düsseldorfer Tätigkeit harmonisch an. Ein »Rheuma am Fuß«, das Schumann schon wenige Tage nach der Ankunft Schmerzen bereitete, war Ende September abgeklungen. Seine eigentlichen Krankheitssymptome blieben zunächst, wahrscheinlich durch die tiefgreifende Umstellung zurückgedrängt, unterschwellig. Das dauerte aber nur wenige Monate. Schon im Januar 1851 kehren die gewohnten monotonen Eintragungen, wie »unwohl«, »Schwindelanfall«, in den Haushaltbüchern wieder. Im Dezember 1851 berichtet Schumann Wasielewski, daß »ein langwieriges Leiden nervöser Art« Grund für sein langes briefliches Schweigen gewesen sei. Im gleichen Jahr kam es auch zu den ersten Spannungen mit dem Musikverein. Man warf Schumann von den Vorgängern abweichende Dirigiergepflogenheiten, wie Dirigieren vom Pult und nicht vom Klavier aus, vor, beklagte sich aber besonders darüber, daß seine Anweisungen bei den Proben zu leise und zu unpräzise seien. Kurzum, man war mit ihm als Musikdirektor unzufrieden, insbesondere damit, daß er es nicht verstand, Proben zu leiten.

Schon 1852 schritt der Verfall Schumanns soweit fort, daß er sein Amt als Musikdirektor monatelang nicht ausfüllen konnte. Der Dirigent des Düsseldorfer Männergesangvereins Julius Tausch (1827–1895) vertrat ihn solange, bis er im Dezember 1852 wieder selbst am Dirigentenpult stehen konnte. Schumanns schlechter werdendes Befinden läßt sich aus den Haushaltbüchern ersehen. Es ist darin von »Nervenleiden«, »Leidenszeit«, »mein Kranksein«, »grosse Angegriffenheit« die Rede, Begriffe, mit denen er immer wieder seine Beschwerden umreißt. An Pohl schreibt er am 27. Dezember 1852: »Ich lag fast die Hälfte des Jahres sehr krank darnieder an einer tiefen Nervenverstimmung. Folge von vielleicht zu angestrengter Arbeit«. Sein Hausarzt, Dr. Müller von Königswinter, verordnete ihm Bäder im Rhein, eine damals beliebte Behandlungsmethode.

Mitte August traten Clara und Schumann eine Badereise nach Scheveningen in Holland an. Der Aufenthalt wurde dadurch kompliziert, daß Clara eine Fehlgeburt erlitt, die sie tagelang ans Bett fesselte. In seinem Reisetagebuch führt Schumann andere als die gewohnten Symptome auf. Erstmals hören wir von »Appetitlosigkeit« und vom »Wechsel prickelnder nervöser Empfindungen namentlich im Rückgrade und in den Fingerspitzen«. Einen Erfolg zeitigte die Badekur nicht, wenngleich Schumann auch vorübergehend von »leidlichem Befinden« spricht.

1852 trat Schumanns seltsames Benehmen zunehmend in Erscheinung. Er wurde für seine Umgebung »auffällig«. Seine stereotypen Bewegungen wie Kopfnicken, nervöses Aufblasen und Zusammenziehen der Wangen und das Zusammenpressen der Mundwinkel erregten Aufmerksamkeit. Eine Unterhaltung mit ihm soll damals nur durch Vermittlung von Clara möglich gewesen sein. Seine Sprache war schwerfällig. Clara Faltin erinnert sich, daß er bei Orchester- und Chorproben plötzlich nicht mehr weiterdirigierte, sondern versunken, seine Umgebung vergessend, am Dirigierpult saß. Clara Schumann übernahm in solchen Augenblicken sofort die Direktion von der ersten Stuhlreihe des Saales aus, in der sie gewöhnlich saß. Sie ließ Schumann um diese Zeit nicht mehr alleine zu einer Probe gehen. 1852 wurden auch die Gehörstäuschungen, bei denen das unaufhörliche Hören eines Tones im Vordergrund gestanden haben soll, stärker.

1853 verdichteten sich die Symptome und ließen den bevorstehenden Zusammenbruch erahnen. Kurz nach Pfingsten beurlaubte man Schumann von seiner Tätigkeit als Musikdirektor, nachdem er während eines Konzerts mit seinem Taktstock das Orchester in Verwirrung gebracht hatte. Tausch mußte umgehend einspringen. Die Beurlaubung war sicher gerechtfertigt, denn das Musikkomitee war für die Aufrechterhaltung des Düsseldorfer Musiklebens verantwortlich, was bei Schumanns Bleiben

Robert Schumann 1853.
Zeichnung von J.J.B. Laurens, Musée de Carpentras.

Honoré Daumier: Womit die verschiedensten Völker der Erde derzeit beschäftigt sind. Le Charivari 1853.

nicht mehr gewährleistet gewesen wäre. Schumann fühlte sich brüskiert, wobei es dahingestellt bleiben muß, ob ihn selbst die Beurlaubung wirklich noch tief traf und nicht vielmehr Clara gekränkt war, denn er lebte nicht mehr voll in der Realität. Dafür ist seine Zuwendung zum Spiritismus symptomatisch. Er war diesbezüglich durchaus kein Einzelgänger, denn das Tischrücken war 1853 in ganz Europa Mode. Es nahm aber bei ihm gänzlich übersteigerte Formen an. So fühlte er, daß von dem Tisch eine wunderbare Kraft ausging, oder daß er beim Tischrücken von Wundern umgeben sei. Zu Wasielewski äußerte er fest überzeugt: »Die Tische wissen alles«.

Im Juli reiste das Ehepaar Schumann nach Bonn. Dort fühlte sich Schumann eines morgens unwohl, und Clara ließ einen Arzt rufen. Dieser, ein Sanitätsrat Doktor Kalt, gab auf spätere Anfrage des Schumannforschers Hermann Erler, folgende Auskunft: »Ich kann nur erwidern, dass ich Herrn Schumann im »Goldenen Stern« dahier einmal ärztlich gesehen und beraten habe. Als ich den Gasthof verlassen wollte, wurde ich ersucht, zu Herrn Schmitz, dem damaligen Eigenthümer des Hauses, einzutreten. Dieser frug mich rasch nach dem Zustand des von mir besuchten Herrn. Ich sagte ihm, »der sei ein verlorener Mann, habe ein unheilbares Gehirnleiden (Gehirnerweichung)«. Wissen Sie auch, mit wem Sie es zu tun haben? entgegnete mir Herr Schmitz vorwurfsvoll? .. Nunmehr erst erfuhr ich, dass mein Patient Herr Dr. Robert Schumann sei«. Man sieht aus den Auskünften, die Doktor Kalt dem Wirt erteilte, daß man es seinerzeit mit der ärztlichen Schweigepflicht nicht so genau nahm.

Johannes Brahms in Düsseldorf

Am 30. September 1853 begann eine jener klassischen Liebesbeziehungen, über die die Nachwelt so gerne spricht und ihre Vermutungen anstellt. Der zwanzigjährige Johannes Brahms (1833–1897) tauchte in Düsseldorf auf und machte seine Antrittsvisite bei den Schumanns in Bilk. Schumann war von Brahms sofort fasziniert und erkannte in ihm *den* kommenden Komponisten. Brahms seinerseits verehrte Schumann zutiefst und verliebte sich sogleich in die 14 Jahre ältere Clara. Der Funke sprang aber auch schnell auf Clara über. Wie sich das Verhältnis der beiden entwickelte, bleibt weitgehend im Dunkel. Brahms hat alle Dokumente darüber nach Möglichkeit vernichtet. Seiner Überzeugung nach waren Leben und Werk eines Künstlers streng zu trennen. Ausführlicher informiert sind wir nur über die Rolle, die Brahms übernahm, nachdem Schumann in die Endenicher Heilanstalt eingeliefert worden war. Dort besuchte er ihn regelmäßig und berichtete darüber Clara. Auch kümmerte er sich rührend um Schumanns Kinder und half bei der Regelung häuslicher Dinge. Ob dabei mehr Selbstlosigkeit, Verehrung oder Verliebtheit maßgebend waren, läßt sich nicht beurteilen. Alles drei dürfte sein Gewicht gehabt haben.

Die engeren Beziehungen zwischen Brahms und Clara blieben der Umwelt nicht verborgen. Als Clara am 11. Juni 1854 mit dem Sohn Felix niederkam, gab das auch schnell zu Spekulationen Anlaß. Man äußerte den Verdacht, nicht Schumann, sondern Brahms sei der Vater des Kindes. Neue Nahrung erhielt das Gerücht, als 1926 ein verbitterter Schumann-Enkel eine wirre Novelle veröffentlichte, in der er Brahms als den Vater von Felix hinstellte. Überprüft man die konkreten Umstände jedoch medizinisch und psychologisch, so erscheint es ganz unwahrscheinlich, daß dem so war. Zunächst muß man die erste Begegnung von Brahms und Clara am 30. September 1853 und den Geburtstermin von Felix am 11. Juni 1854 in zeitliche Relation setzen. Der Geburtstermin war genau 36,5 Wochen, nachdem sich Brahms und Clara erstmals begegnet waren. Da für eine normale Schwangerschaft 40 Wochen anzusetzen sind, müßte Felix eine Frühgeburt gewesen sein, wenn es bei der ersten Begegnung zu sexuellen Kontakten gekommen wäre. Das erscheint aber schon aus gesellschaftlichen Gründen unwahrscheinlich. Es ist nur schwer vorstellbar, daß sich Brahms gleich mit der 14 Jahre älteren Frau des Hauses eingelassen hätte. Es müßte schon Clara die Initiative ergriffen haben, was bei ihrem kranken Mann verständlicher wäre, aber auch hier dürften gesellschaftliche Schranken bestanden haben, die nicht innerhalb von Stunden oder Tagen beiseitezuschieben waren. Nicht zu vergessen ist auch, wie wir aus den Haushaltbüchern wissen, daß um diese Zeit Schumann durchaus noch sexuell aktiv war, er hat das genau vermerkt. Überzeugend klingt auch der Brief von Brahms an den Geiger Joseph Joachim (1831–1907) vom 19. Juni 1854 (Schumann befand sich zu dieser Zeit längst in der Heilanstalt), in dem es heißt: » ... ich muss mich oft mit Gewalt halten, dass ich sie [Clara] nicht ganz ruhig umfasse und gar –; ich weiss nicht, es kommt mir so natürlich vor, als ob sie es garnicht übel nehmen könnte«. Der Brief wurde erst 1959 veröffentlicht. So schreibt kein junger Mann an seinen Freund, wenn er eine Frau seit Monaten intim kennt. Und was war bis dahin nicht alles geschehen! Brahms war zunächst länger als einen Monat Gast in Schumanns Haus gewesen, und man hatte fast täglich gemeinsam musiziert. Schumann hatte nach seiner Beurlaubung als Musikdirektor viel Zeit und verbrachte die Tage zu Hause oder in der Stadtbibliothek.

Johannes Brahms (1833–1897).
Zeichnung von J.J.B. Laurens, 1853.
Stadtarchiv Bonn.

Brahms führte, wie fast immer, ein ungebundenes Leben. Nicht zu beantworten ist die Frage, inwieweit Brahms das krankhafte Benehmen Schumanns schon damals auffiel und wie er darauf reagierte.

Die Düsseldorfer Katastrophe

DIE LETZTEN MONATE

Schumanns Befinden blieb rein äußerlich über einige Monate ziemlich stabil. Zu schöpferischer Arbeit war er allerdings kaum mehr fähig. Er beschäftigte sich mit seinem »Dichtergarten«, in dem er stereotyp alle Äußerungen über Musik in der Weltliteratur zusammenzustellen suchte. Im Februar änderte sich das Krankheitsbild dramatisch. Zunächst nahmen Schumanns Sinnestäuschungen zu. Im Haushaltbuch vermerkt er mit gewohnter stichwortartiger Kürze am 11. Februar 1854: »Abends sehr starke und peinliche Gehörsaffektionen«, am 12. Februar: »Noch schlimmer, aber auch wunderbar«, am 13. Februar: »Wunderbare Leiden«. Joseph Joachim teilte er am 6. Februar mit, daß er ihm mit sympathetischer [geheimkräftiger] Tinte oft geschrieben habe, »und auch zwischen diesen Zeilen steht eine Geheimschrift«. Beachtung verdient in diesem Zusammenhang ein Brief des Schumannschülers Albert Dietrich (1829–1908) vom 6. März 1854 an den Komponisten Theodor Kirchner (1823–1903), der erst in den letzten Jahren auftauchte. Dietrich führt darin aus, daß Schumann in den letzten vierzehn Tagen Geisterstimmen gehört habe, die ihn regelmäßig quälten, oft mit den bittersten Beschuldigungen, andere hätten ihn mit himmlischen Verheißungen erfreut. »Sein klares Bewußtsein verließ ihn; zwar nahm er an Außendingen noch einen gewissen Anteil, doch nur selten; meistens lauschte er in völligem Entrücktsein den Engelstimmen oder er wurde in Verzweiflung gejagt durch die bösen Geister, die in seinem Innersten, wie er sagte, wühlten«. Dietrich erwähnt in seinem Brief auch zwei wichtige Krankheitssymptome, die bisher nur wenig Beachtung fanden. Er schreibt: »Es stellten sich heftige Raserei und Krampfanfälle ein«.

Dietrichs Angaben decken sich in vielem mit den Äußerungen von Clara über Schumanns letzte Tage in Düsseldorf. Sie datiert die Steigerung der Gehörsaffektionen auf den 10. Februar. Schumann hörte immer denselben Ton. Die Gehörstäuschungen steigerten sich noch, und am 17. Februar nachts schrieb er plötzlich ein Thema auf, das ihm, wie er behauptete, die Engel eingegeben hätten. Gegen Morgen verwandelten sich die Engel jedoch in Dämonen, deren Stimmen ihm sagten, er sei ein Sünder und würde in die Hölle geworfen. Tiger und Hyänen stürzten auf ihn ein. Schumann war von der Realität seiner Sinnestäuschungen felsenfest überzeugt. So ist es auch zu verstehen, daß er in den wenigen klaren Momenten, die er hatte, Clara bat, von ihm zu gehen, aus Angst, er könne ihr ein Leid antun, wenn die Stimmen ihm dazu den Befehl erteilten. In seinen wenigen wachen Augenblicken soll er auch Anordnungen über sein Vermögen getroffen und Abschied von Clara genommen haben, da er an seinen nahen Tod glaubte. Am 26. Februar verlangte er, in die Irrenanstalt eingewiesen zu werden, da er seiner Sinne nicht mehr mächtig sei.

DER SPRUNG VON DER RHEINBRÜCKE

Das rechtsrheinische Düsseldorf wurde zur Zeit Schumanns durch eine Schiffsbrücke mit dem linksrheinisch

Richard Hasenclever (1813–1876), einer der behandelnden Ärzte Schumanns, der ihn auch auf der Fahrt nach Endenich begleitete. Stadtmuseum Düsseldorf.

Düsseldorf, Rheinfront mit der Schiffsbrücke,
von der aus sich Schumann in den Rhein stürzte.
Stahlstich von Buhl nach J.F. Dielmann, 1845. Stadtmuseum Düsseldorf.

gelegenen Oberkassel verbunden. Zur Durchfahrt eines Schiffes fuhren die Brückenwärter ein oder mehrere Brückenstücke aus. Auf diese Weise war die Brücke tagsüber ständig besetzt, auch war ein Rettungskahn vorhanden, der im Notfall sofort bemannt werden konnte. Für die näheren Umstände von Schumanns Sprung in den Rhein muß man sich das vor Augen halten. Nach den Angaben von Dietrich, sowie der Tochter des damaligen Oberbürgermeisters von Düsseldorf, Ludwig Hammers (1822–1902), lassen sich die Ereignisse etwa folgendermaßen rekonstruieren: Am Rosenmontag, dem 27. Februar 1854, verlor Schumann, der inzwischen auf Anweisung der behandelnden Ärzte Doktor Böger und Doktor Hasenclever ständig bewacht wurde, endgültig die Kontrolle über sich und konnte sich dieser Vorsichtsmaßnahme in einem Augenblick der Unaufmerksamkeit, wie Wasielewski schreibt, »im Negligé« davonschleichen. Er lief wahrscheinlich über die Schulstraße auf die Rheinbrücke, die gerade in der Mitte ausgefahren war. Ehe die auf der Brücke beschäftigen Brückenwärter Schumanns Absichten gewahr wurden, hatte er sich in den Fluß gestürzt und war in den eiskalten Fluten untergetaucht. Einer der Brückenwärter sprang ihm sofort nach, während ein zweiter den Rettungskahn losmachte. Mit Mühe und Gewalt gelang es, Schumann in den Kahn zu ziehen. Er riß sich aber sofort wieder los und sprang erneut ins Wasser. Wieder wurde er herausgezogen, und man konnte ihn nun im Kahn festhalten. Einer der Brückenwärter lief sogleich zu Oberbürgermeister Hammers in das Rathaus, um den Vorfall zu melden. Unterdessen brachte man Schumann triefend naß und ausgekühlt nach Hause, wo man seit eineinhalb Stunden vergeblich nach ihm gesucht hatte. Beide Ärzte befanden sich in der Wohnung und ordneten sogleich eine Separierung des Kranken an. Zwei Wärter blieben zur Bewachung bei Schumann. Die Ärzte verboten Clara und den übrigen Familienangehörigen, Schumann zu sehen, eine Maßnahme, die noch der Diskussion bedarf. Dann beratschlagten Doktor Böger und Doktor Hasenclever, wohin man Schumann zur Behandlung geben sollte. Man einigte sich auf die private Heilanstalt des Doktor Richarz in Endenich bei Bonn. Am 4. März wurde Schumann in Begleitung von Doktor Hasenclever und zweier Wärter im Pferdewagen nach Endenich gebracht.

Die Endenicher Heilanstalt

An dieser Stelle von Schumanns Tragödie müssen wir einen Augenblick innehalten und uns ein Bild über die Zustände bei der Behandlung der Geisteskranken zur damaligen Zeit machen. Das Kapitel ist dunkel und paßt so gar nicht zu der Schöngeistigkeit und Humanität der Romantik und des Biedermeier. Vielfach lebten die »Irren« noch in Anstalten unter den menschenunwürdigsten Verhältnissen. Sie hausten in ihren eigenen Exkrementen und waren mit Ungeziefer behaftet. Ja, teilweise blieben sie ihr ganzes Leben lang angekettet. Es gab zwar auch eine Therapie für Geisteskrankheiten, sie stellte aber nichts anderes als eine Vielzahl von grausamen Torturen dar. So wurden die Kranken stundenlang mit kaltem Wasser übergossen, sie mußten »Zwangsstehen« oder kamen auf den Drehstuhl, um das Brechzentrum zu erregen. Auch von der Kastration und anderen Unmenschlichkeiten wurde »therapeutisch« Gebrauch gemacht. Zu verstehen ist das alles nur, wenn man die damalige Einstellung über die vermeintlichen Ursachen der Geisteskrankheiten berücksichtigt. Selbst ernst zu nehmende Ärzte gingen in der Mitte des letzten Jahrhunderts noch davon aus, daß die

Franz Richarz (1812–1887), ärztlicher Leiter der Endenicher Heilanstalt.
Ölbild, Stadtarchiv Bonn.

Die Endenicher Heilanstalt um 1850, Zeichnung.
Stadtarchiv Bonn.

Sturzbad mit kaltem Wasser zur Behandlung Geisteskranker.
Aus: E. Horn: Öffentliche Rechenschaft ... nebst Erfahrungen über
Krankenhäuser und Irrenanstalten, Berlin 1818.

Geisteskrankheiten die gerechte Strafe für begangene Sünden und hier wieder vornehmlich der Onanie (sexuelle Selbstbefriedigung) seien. Die Ärzte, die sich gegen diese Unsinnigkeiten wandten, kann man heute nur als ebenso mutige und kluge Männer bezeichnen, wie die Bekämpfer des Hexenwahns in den Jahrhunderten zuvor. Zu nennen sind hier als Vorkämpfer der französische Arzt Philipp Pinel (1745–1826), Jean-Etienne Dominique Esquirol (1772–1840), oder in Deutschland Johann Christian Reil (1759–1813). Für Doktor Richarz dürfte das Vorbild, der wesentlich jüngere John Conolly (1794–1866) gewesen sein. Conolly leitete eine große Irrenanstalt in England und hatte dort das Prinzip des »no restraint« (wörtlich: Kein Zwang) eingeführt. Danach stand am Anfang jeder Behandlung der Schutz des Geisteskranken, dem kein Zwang und keine Gewalt angetan werden durfte. Vor allem durfte er auch nicht für unsinnige Handlungen bestraft werden. Bewegungsfreiheit gehörte ebenfalls zur Therapie.

Doktor Franz Richarz (1812–1887) hatte seine Anstalt in Endenich gegründet, um die Conollyschen Behandlungsprinzipien in die Praxis umzusetzen. Er gehörte somit zu den Ärzten, die die Entwicklung der modernen Psychiatrie förderten. Er betätigte sich in seinem Fach auch mehrfach publizistisch. Sicher waren ihm die Arbeiten des deutschen Arztes Wilhelm Griesinger (1817–1883) bekannt. Dieser, für die Entwicklung der Psychiatrie so bedeutsame Forscher, setzte sich ebenfalls für eine menschliche Behandlung der Geisteskranken ein.

Schumann war somit in Endenich optimal untergebracht. Er bekam zwei Zimmer zugewiesen, in denen auch ein Pianoforte stand. Er konnte sich frei bewegen und selbst außerhalb der Anstalt in Begleitung zweier Wärter spazierengehen und das, obwohl er, wie wir aus den Mitteilungen des Assistenzarztes Dr. Peters wissen, in den ersten Monaten seines Endenicher Aufenthaltes die Wärter noch tätlich angriff. Die Anstalt selbst war von einem großen Garten umgeben. Heute beherbergt sie das Bonner Schumannhaus.

Zu der Lehre des »no restraint« gehörte die strenge Separierung der Geisteskranken von der Familie. Darin ist der Hauptgrund zu sehen, weshalb Clara keine Besuche in Endenich abstattete, was ihr verschiedentlich vorgeworfen wurde. Die Ärzte untersagten es ihr, weil sie dadurch eine Störung des Heilungsverlaufs befürchteten. Den Freunden Schumanns waren demgegenüber Besuche gestattet. Sie konnten ihn dabei aber, je nach seinem Befinden, nicht immer persönlich sprechen, sondern mußten sich mit einem Blick auf ihn durch ein Guckloch oder Fenster begnügen. Verbürgt ist, daß Schumann nach den Besuchen seiner Freunde des öfteren in Erregungszustände geriet und die ärztlichen Vorsichtsmaßnahmen schon daher ihre Berechtigung hatten. Zu den regelmäßigen Besuchern gehörte vor allem Brahms, der ein- bis zweimal wöchentlich nach Endenich fuhr. Auch Joseph Joachim kam mehrmals zu Besuch.

Über die Progredienz der Krankheitssymptome während der Endenicher Zeit liegen einige Berichte vor. Leider sind die Krankenunterlagen, von denen man sich noch manche Aufschlüsse erhoffen könnte, entweder verloren oder für die Forschung immer noch nicht erreichbar. Wertvoll sind die Zeugnisse des schon erwähnten Doktor Peters, dann des Neffen von Doktor Richarz, dem späteren Geheimrat Oebeke, der seinerzeit als Medizinstudent in Endenich tätig war, und diejenigen von Doktor Richarz selbst. Daneben haben wir die Äußerungen von Johannes Brahms und einigen anderen Freunden, die Schumann in Endenich besuchten, und endlich seine eigenen

Briefe aus der Endenicher Zeit. Es läßt sich daraus schließen, daß in Schumanns subjektivem Befinden nach einigen Monaten eine Besserung eintrat, insbesondere scheint seine Aggressivität zurückgegangen zu sein. Auch die Gehörstäuschungen ließen vorübergehend nach. Doktor Richarz sprach deswegen Clara gegenüber Ende August 1854 von einer »günstigen Wendung«. Ob er damit seine wahre Meinung aussprach oder Clara nur trösten wollte, muß dahingestellt bleiben, denn er hatte Erfahrung mit dem Verlauf von Geisteskrankheiten und dürfte sich der schlechten Prognose bei Schumann bewußt gewesen sein.

Bald nahmen die Gehörstäuschungen, die Sprachstörungen, die Angstzustände, die Furcht, vergiftet zu werden, und die Depressionen wieder zu, und Schumann hüllte sich zeitweilig in völlige Schweigsamkeit. Auch die stereotypen Bewegungen wurden stärker. So hielt Schumann beim Sprechen dauernd eine Hand an den Mund, was schon in Düsseldorf aufgefallen war. Die Sinnestäuschungen führten zu einer eigenen Logik. Grimm teilte Clara nach einem Besuch in Endenich 1855 mit, Schumann habe darauf beharrt, daß die Türme, die man von Endenich aus sehe, nicht die Türme des Bonner Doms sein könnten, da man sonst auch das Beethovendenkmal sehen müsse. Auch sei er davon überzeugt, daß Köln südlich von Bonn liege.

Auf der anderen Seite schrieb Schumann scheinbar klare Briefe. Liest man sie aber genauer, stößt man auf erhebliche Auffälligkeiten. Hier ist Schumanns Distanziertheit zu nennen. Er beklagt sich zwar über seinen Aufenthalt in Endenich und äußert den Wunsch, von dort wegzukommen, aber nicht nach Hause, sondern in eine andere Anstalt. Ja, er schlägt sogar andere Heilanstalten wie Deutz oder Mühlheim vor, meint aber im gleichen Atemzug, daß »Benrath, (heute ein Stadtteil von Düsseldorf) zu nah« sei. An Clara schreibt er am 14. September 1854: »Oh könnt ich Euch einmal sehen und sprechen, aber der Weg ist doch so weit«. Andererseits schwelgt er geradezu in seinen Briefen an Clara in alten Erinnerungen, die mit den Floskeln »erinnerst Du Dich« oder »ich erinnere mich« bestückt sind. So verwundert es auch nicht, wenn sich Clara darüber beklagte, daß Schumann nicht nach ihr frage und auch keine Nachricht von ihr verlange.

Aus den Briefen von Brahms an Clara – er schrieb sie ihr, wenn sie auf Konzertreisen war – lassen sich weitere Symptome herauslesen, obwohl sie sicher oft schöngefärbt sind. So schreibt Brahms einmal, er habe versucht, mit Schumann vierhändig Klavier zu spielen, was »nicht ordentlich fest« ging. In der Schilderung von Wasielewski, der im Sommer 1855 in Endenich zu Besuch war, liest sich das Urteil über Schumanns Klavierspiel so: »Schumann sass gerade am Klavier ..., da war es herzzerschneidend, den edlen grossen Mann in voller Gebrochenheit seiner geistigen und physischen Kräfte sehen zu müssen. Das Spiel war durchaus ungeniessbar ...« Joseph Joachim schildert Schumanns Klavierspiel in einem Brief an Eduard Hanslick: » ... mit zitternden Händen sie (ältere Kompositionen von Schumann) verstümmelt wiedergebend – herz- und ohrenzerreissend ...« Man hatte Schumann das Tafelklavier, auf dem Franz Liszt bei der Einweihung des Beethovendenkmals in Bonn gespielt hatte, leihweise in die Anstalt gegeben. Brahms schildert Clara auch, wie Schumann behauptet habe, er würde kein Notenpapier zum Komponieren erhalten und man gäbe ihm auch keine Zigarren. Der Verleger Arnold könne auch seine Korrekturen nicht bekommen, da die Ärzte sie nicht wegschickten. Das alles entsprach natürlich nicht der Wirklichkeit. Welche Freiheiten Schumann genoß, geht daraus hervor, daß er Brahms zum Bahnhof begleiten durfte, wobei ein Wärter hinter oder neben ihm ging.

Im Frühjahr 1856 kündigte sich das Finalstadium der Erkrankung an. Schumann wurde immer zerfahrener, vergeßlicher, konnte kaum noch sprechen, und seine Unruhezustände nahmen zu. Die Krampfanfälle wurden heftiger. Leider wissen wir nicht, von welcher Art sie waren, ob sie generalisiert auftraten, oder nur gewisse Körperpartien davon befallen waren. Brahms teilte die Verschlechterung Clara, die sich auf Konzertreise in England befand, mit. Gerade nach Düsseldorf zurückgekehrt, erreichte sie die Nachricht von Doktor Richarz, falls sie Schumann noch lebend sehen wolle, solle sie nach Endenich kommen. Bis dahin war Clara nie in Endenich gewesen, ob nur aufgrund der erwähnten Anordnung der Ärzte, die nun Monate zurücklag, oder auch aus persönlichen Motiven, ist ungewiß. Nunmehr machte sie sich zusammen mit Brahms und einem Fräulein Junge unverzüglich nach Endenich auf. Brahms berichtet darüber an Julius Otto Grimm im September 1865: »Acht Tage vor seinem Tode (Mittwoch) erhielten wir eine telegraphische Depesche: Ich las sie nur, sie hieß ungefähr »Wollen Sie Ihren Mann noch lebend sehen, so eilen Sie unverzüglich hierher. Sein Anblick ist freilich grauenerregend.« Wir fuhren hinüber. Er hatte einen Anfall gehabt, von dem die Ärzte glaubten, er hätte den Tod sogleich zur Folge (Ich weiss den Namen nicht, ein Lungenkrampf?). Ich ging zu ihm, sah ihn jedoch gerade in Krämpfen und grosser Aufregung, so dass auch ich wie die Ärzte Frau Schumann abriethen zu ihm zu gehen und sie zur Abreise bewegten. Schumann lag immer, nahm nichts mehr zu sich als löffelweise Wein und Gelee. Frau Claras Leiden aber in diesen Tagen war so gross, dass ich ihr Sonnabendabend vorschlagen musste, wieder hinüberzugehen und ihn zu sehen.

Jetzt und immer danken wir Gott, dass es geschehen, denn es ist für ihre Ruhe unumgänglich notwendig. Sie sah ihn noch Sonntag, Montag und Dienstag früh. Den Nachm. am 4. starb er ...«

Soweit Johannes Brahms. Da Schumann wochenlang kaum mehr Nahrung zu sich genommen hatte – vielleicht aus Angst vergiftet zu werden – war er, der in früheren Jahren zur Dickleibigkeit neigte, kachektisch und litt an Beinödemen. Ob es stimmt, daß er »sanft entschlafen« ist, wie Brahms an Grimm schreibt, wissen wir nicht, denn nach Angaben Claras war Schumann alleine, als er starb. Brahms, der zwischenzeitlich nach Bonn gefahren war, kam erst eine halbe Stunde später wieder nach Endenich.

Obduktionsbefunde

Bevor Schumanns Leichnam nach Bonn überführt wurde, wo am 31. Juli die Beisetzung stattfand, nahm Doktor Richarz im Beisein seines Neffen Oebeke eine Obduktion vor. Damals sezierten die behandelnden Ärzte oft ihre Patienten selbst, vor allem, wenn wissenschaftliches Interesse bestand. So muß man Richarz, der seine Anstalt seit zwölf Jahren leitete, eine gewisse Erfahrung als Obduzent von Geisteskranken zugestehen. Sein Obduktionsprotokoll galt, ebenso wie die Krankenunterlagen, bis vor wenigen Jahren als verschollen; man konnte sich nur auf den Bericht von Richarz stützen, den er Wasielewski auf dessen Anforderung für seine Schumannbiographie zur Verfügung stellte. Außerdem lag seit 1855 eine kurze Publikation des Anthropologen Schaaffhausen vor, der 1880 einen Schädelausguß bei Schumann vorgenommen hatte, und daraus Schlußfolgerungen auf das Hirngewicht Schumanns zog. Beim Schumannfest 1880 hatte man Schaaffhausen gestattet, den Schädel Schu-

manns für seine Untersuchungen aus dem Grab zu nehmen. Der Bericht wurde im Correspondenzblatt der deutschen Gesellschaft für Anthropologie veröffentlicht. Da Schaaffhausen das Hirngewicht anders als Richarz einschätzte, war für Zündstoff über Jahrzehnte gesorgt.

1973 ließ sich per Zufall im Schumannhaus in Zwickau das Original-Obduktionsprotokoll auffinden. Es stand dem Verfasser leider zur Auswertung nicht vollständig zur Verfügung, die wesentlichen Teile wurden ihm jedoch in Abschrift mitgeteilt. Ins Gewicht fallende Abweichungen gegenüber der Mitteilung von Wasielewski finden sich darin nicht, wohl aber zusätzliche Informationen, die zur Klärung von Schumanns Todeskrankheit beitragen. Am wichtigsten dürfte die Feststellung von Richarz sein, daß »das Auftreten einer ziemlich grossen Menge einer sulzigen Masse ..., die stellenweise die Consistenz des Faserknorpels erreichte, in der Umgebung der Hypophyse gefunden wurde.« Nicht weniger wichtig ist auch die genaue Angabe des Hirngewichts, das mit »46 Unzen und 120 Gran« festgehalten wurde. Richarz bediente sich dabei des preußischen Unzenmasses, wonach das Hirngewicht 1337 Gramm, und nach seinen Berechnungen somit 7 Unzen zu wenig, betrug.

Vielleicht noch bestechender erscheint die Angabe Richarz', daß bei der mikroskopischen Untersuchung in der Rindensubstanz des Gehirns »zahlreich jene gekernten und ungekernten Zellen erkennbar waren, wie sie in Leichen der mit paralysie générale incomplète behaftet Gewesener vorzukommen pflegen«. Richarz bezieht sich dabei auf ein Werk des französischen Arztes J. Guislain »Leçons orales sur les phrénopathies«, das 1852 erschienen war. Darin wurden die genannten Zellen bei einem Kranken beschrieben, der zuvor die charakteristischen Symptome eines Paralytikers aufwies. Wie vorsichtig derartige Befunde zu interpretieren sind, wird noch darzulegen sein.

Das weitere, was wir über Schumanns Obduktion wissen, bietet nicht viel an wesentlichen Befunden. Richarz spricht von einer Überfüllung der Blutgefäße des Gehirns, von Knochenwucherungen an der Basis des Schädels und von einer abnormen Entwicklung normaler Hervorragungen als Neubildung anormaler Knochenmassen, Befunde, denen, was die Krankheit Schumanns angeht, keine Bedeutung zukommt. Der Verdickung und Entartung der weichen Hirnhäute und deren Verwachsungen in die Hirnrinde, die Richarz beschreibt, kann im Hinblick auf abgelaufene Entzündungen gewisse Bedeutung beigemessen werden.

Abgesehen davon ergeht sich Richarz in seinem Bericht an Wasielewski in langwierigen Ausführungen über »geistige Überanstrengungen« als Ursache derartiger Veränderungen, spricht nebenbei von einem »psychischen Leiden«, welches aus dieser organischen Hirnkrankheit entspringt, dann wieder von einer »Melancholie«, die bei Schumann vorhanden gewesen sei. Es bleibt offen, ob Richarz damit von der eigentlichen Diagnose ablenken wollte oder ob sich darin Lehren der damaligen Psychiatrie niederschlagen.

Schaaffhausen schrieb demgegenüber über die Hirnatrophie Schumanns, die Richarz als »nicht unbedeutend« bezeichnet hatte, 1885: »Das Hirn wog ohne Dura mater [harte Hirnhaut] 2 Pf.28 1/2 Lot Normalgewicht = 1475 Gramm. Ich fand die Capacität des Schädels 1510 ccm. Richarz nahm Hirnschwund an. Dazu gibt das Verhältnis des Hirngewichts zum Schädelvolumen keine Veranlassung.«

Schaaffhausen nahm es mit seinen Gewichtsangaben nicht allzugenau, denn woher hatte er die Unterlagen, daß das Gehirn 1475 Gramm gewogen hatte? Die Wägungen von Richarz hatten eindeutig 1337 Gramm ergeben. Darüberhinaus hatte Richarz sich darauf festgelegt, daß das Gehirn etwa sieben Unzen leichter gewesen sei, als es für das Lebensalter Schumanns hätte betragen sollen.

Beurteilung des Obduktionsprotokolls

Bevor wir auf die klinische Diagnose von Schumanns Geisteskrankheit zu sprechen kommen, seien die wichtigsten Befunde des Obduktionsprotokolls kurz diskutiert. Richarz beschreibt eine Hirnatrophie, Schaaffhausen lehnt sie ab. Schon hier beginnen die Probleme, da die Angaben über das Gehirngewicht des Menschen schwankend sind und zu Zeiten Schumanns alleine schon durch unterschiedliche Obduktionsmethoden ungenau und je nach Obduzent individuell verschieden waren. So wissen wir nicht, worauf Richarz' Angabe, Schumanns Gehirngewicht habe 7 Unzen, also etwa 200 Gramm weniger als normal betragen, beruht. Spätere Wägungen von Gehirnen größerer Bevölkerungsgruppen ergaben, je nach Autor, für Männer Werte zwischen 1343–1405 Gramm, wobei es sich um Mittelwerte handelt, d.h. Schwankungen nach unten und oben müssen mit eingerechnet werden. Die Möglichkeit einer Hirnatrophie ist demnach bei Schumann ohne weiteres gegeben, aber nicht sicher, auch wenn man das von Richarz mit 138 Gramm weniger als von Schaffhausen vermutete Gewicht berücksichtigt.

Einen wichtigen Befund liefert uns Richarz mit der Beschreibung der gelblichen sulzigen Masse in der Umgebung der Hypophyse, die stellenweise die Konsistenz des Faserknorpels erreichte. Dabei könnte es sich tatsächlich um syphilitische Gummen (auch Syphilome genannt) gehandelt haben, da sich die syphilitische Meningo-Encephalitis (Entzündung der weichen Hirnhaut und des Gehirns) vorwiegend an der Hirnbasis lokalisiert. Im Zusammenhang mit der klinischen Symptomatik bei Schumann und der von Richarz beschriebenen Verwachsung der weichen Hirnhäute kommt diesem Befund Bedeutung zu.

Was hat es mit den mikroskopisch von Richarz gefundenen gekernten und ungekernten Zellen, »wie sie in den Leichen der mit paralysie générale incomplète behaftet Gewesenen vorzukommen pflegen« auf sich? Zunächst erscheint diese Beschreibung bestechend, da von »Paralyse« die Rede ist, ein Begriff, der übrigens in dem Bericht Richarz' an Wasieleswki fehlt. Befaßt man sich jedoch näher mit der Beschreibung, so stellen sich rasch Zweifel an deren Glaubwürdigkeit ein. Was Richarz gesehen hat, waren wahrscheinlich nur Kunstprodukte, sog. Artefakte, die sich nach dem Tode durch Gewebsauflösung eingestellt hatten. Dabei muß man berücksichtigen, daß sich die mikroskopischen Untersuchungsmethoden damals noch ganz im Anfangsstadium befanden, und es die heute geläufigen und zur Beurteilung erforderlichen Färbemöglichkeiten der Nervenzellen und des Gewebes noch nicht gab. Sie wurden erste Ende des vergangenen Jahrhunderts entwickelt. Guislain, auf den sich Richarz in seinem Obduktionsprotokoll bezieht, stellt mit seinem Befund Beziehungen zu dem charakteristischen Bild der Paralyse her; Kranke hiermit bildeten damals den Hauptanteil in den Irrenanstalten. Richarz dürfte somit eine Bestätigung seiner klinischen Diagnose durch die Obduktion gesucht haben.

Diskussion um Schumanns Geisteskrankheit

PSYCHIATRIE IM 19. JAHRHUNDERT

Wir erwähnten schon, daß zur Zeit Schumanns noch menschenunwürdige Zustände in den Irrenanstalten herrschten und die Geisteskranken als vom bösen Geist besessen oder für ihre Sünden mit Krankheit geschlagene betrachtet wurden. Gleichzeitig vollzog sich aber der Aufbruch der Psychiatrie zu einem modernen medizinischen Fachgebiet. Zu einer, wenn auch bescheidenen, selbständigen Wissenschaft hatte sich die Psychiatrie bereits durch die Strömungen der Aufklärung im 18. Jahrhundert entwickelt. Anfang des 19. Jahrhunderts unterschied man im deutschsprachigen Raum zwei psychiatrische Richtungen: die Psychiker, die die Geisteskrankheiten als von der Seele ausgehend betrachteten, und die Somatiker, nach deren Ansicht dabei der Körper erkrankt war.

Mit die entscheidensten Impulse bei der Weiterentwicklung der Psychiatrie gingen von Wilhelm Griesinger (1817–1868) aus, der in seinem Buch »Die Pathologie und Therapie der psychischen Krankheiten«, das 1845 erschien, eine diagnostische Einteilung vornahm. Diese sah folgendermaßen aus: 1. Hypochondrie, 2. Melancholie, 3. Manie, 4. Monomanie und 5. Geisteschwäche. Den Sitz der Geisteskrankheiten sah Griesinger im Gehirn. Mit der Einteilung der Geisteskrankheiten, wie wir sie heute kennen, hat das wenig zu tun. Sie geht auf den genialen Emil Kraepelin (1856–1926) zurück, der Ende des letzten Jahrhunderts zwei große Gruppen herausarbeitete, die er »Dementia präcox« (später von Bleuler als

Schizophrenie bezeichnet) und »manisch depressives Irresein« nannte.

Ein großes Problem bildete damals die Abgrenzung der beiden Krankheitsbilder gegenüber der progressiven Paralyse, als deren Ursache schon 1822 der französische Arzt Antoine Laurent Jesse Bayle (1799–1858) die Syphilis vermutet hatte. Einen Zusammenhang postulierten 1857 auch die deutschen Kliniker Esmarch und Jessen. Sichern konnte man ihn aber erst, nachdem Schaudinn (1871–1906) und Hoffmann (1868–1959) die Spirochäta pallida (heute Treponema pallidum genannt) im Blut und Gehirn von Paralysekranken gefunden hatten. Erst damit bestand eine sichere Möglichkeit, die echten Geisteskrankheiten von der syphilitisch bedingten Paralyse abzugrenzen. Da die Bevölkerung mit der Syphilis durchseucht war, man rechnete noch Anfang unseres Jahrhunderts, daß jeder dritte Insasse einer Irrenanstalt syphilitisch bedingter Paralytiker war und man nur ungenügende therapeutische Möglichkeiten besaß, bedeutete das einen ungeheuren medizinischen Fortschritt. Zu Zeiten Schumanns gab es das alles noch nicht, und so blieb eine Diskussion um die Art seiner Geisteskrankheit zunächst aus.

BEGINN DER DISKUSSION

Zum 50. Todestag Schumanns im Jahre 1906 veröffentlichte der bekannte Psychiater Paul Julius Möbius (1853–1907) ein »Gutachten«, wie er es nannte – in Wahrheit eine kleine Pathographie –, in der er darlegte, daß Schumann nicht, wie er selbst zuvor vermutet hatte, an einer progressiven Paralyse, sondern an Schizophrenie gelitten und daran gestorben sei. Das rief schnell die Opposition des jüngeren Psychiaters und späteren Direktors der psy-

chiatrischen Universitätsklinik Bonn, Hans Werner Gruhle (1880–1958), hervor. Er glaubte, genügend Beweise dafür in der Hand zu haben, daß Schumann nicht schizophren sondern manisch-depressiv und sein Tod durch ein zweites Leiden, einen organischen Hirnprozeß, bedingt gewesen sei. Über die Art des organischen Hirnleidens mochte sich Gruhle nicht festlegen und äußerte sich so: »Ich muss die Möglichkeit zugeben, dass Schumann vielleicht nicht einer Paralyse, sondern einer anderen organischen, vielleicht luetischen Hirnerkrankung erlegen ist [die Syphilis, oft Lues genannt, kann am Gehirn andere Erkrankungen als die progressive Paralyse hervorrufen; Anm.d.Verf.].« Für eine organische Hirnerkrankung sprachen nach Gruhle die Sprachstörungen, der rasche Verfall und die schnelle geistige Verödung Schumanns. Auch das von Möbius als charakteristisch angesehene Verhalten von Schumanns Handschrift, die bis kurz vor seinem Tod unverändert blieb, ließ sich nach Gruhle nicht als Beweis gegen eine Paralyse anführen, da dies bei stürmisch verlaufenden Krankheitsfällen durchaus vorkomme.

FORTGANG DER DISKUSSION

Einmal entzündet, setzte sich die Diskussion um Schumanns Geisteskrankheit in den nächsten Jahrzehnten bis zum heutigen Tage fort. Nach wie vor stehen sich Befürworter und Gegner der Möbius'schen und Gruhle'schen Anschauung gegenüber. Am Ende der in der Hauptsache von Psychiatern ausgetragenen Diskussionen steht derzeit der amerikanische Psychiater Peter F. Ostwald, wahrscheinlich im Augenblick der beste Kenner von Schumanns pathographischen Daten. 1983 meinte er, daß nach 125 Jahren eine objektive Diagnose-Findung nicht mehr möglich sei und läßt offen, ob die Gruhle'sche oder die Möbius'sche Deutung stimmt. Bemerkenswert ist dabei, daß Ostwald von den Auffassungen der deutschen Psychiaterschulen ausgeht, die sich in vielem von denen der amerikanischen Psychiatrie unterscheiden. In den USA sind tiefenpsychologische Aspekte bei der Beurteilung von Geisteskranken von weit größerer Bedeutung als bei uns. Dabei ist zu berücksichtigen, daß sich die Psychiatrie von den anderen medizinischen Gebieten mangels ausreichender morphologischer Krankheitssubstrate grundlegend unterscheidet. Ihre Lehren entsprechen im manchem einem künstlichen und philologischen Denkgebäude.

In der folgenden Tabelle sind die Hauptvertreter der einen wie der anderen Richtung zusammengefaßt:

Diagnosen zu Schumanns Krankheit

Schizophrenie:	*Manisch depressives Irresein und organische Gehirnerkrankung:*
Möbius 1906	
Linder 1959	Richarz 1856
Schweissheimer 1959	Gruhle 1906
Bowman 1970	Nussbaum 1923
Payk 1977	Slater 1972

Nicht zu entscheiden:

Ostwald 1983

Damit ist die Diskussion aber keineswegs erschöpft. Es wurden auch andere Diagnosen gestellt, von denen die einer essentiellen Hypertonie mit Cerebralsklerose (Bluthochdruck mit Verkalkung der Hirnarterien) genannt sei.

Sie wurde erstmals von Kleinebreil 1953 vermutet und von Sutermeister 1959 und von Kerner 1963 aufgenommen. Der klinische Verlauf und die Symptome Schumanns sprechen so eindeutig gegen eine derartige Diagnose, daß auf eine Diskussion darüber verzichtet werden kann.

Differentialdiagnostisch wäre auch zu erwägen, ob sich bei Schumann nicht auf das manisch-depressive Irresein ein echter Hirntumor aufgepfropft haben könnte. Man geht heute aber davon aus, daß ein solcher Befund Doktor Richarz bei der Obduktion nicht entgangen wäre.

Eigene Diagnose

Der Verfasser folgt mit seiner eigenen Diagnose den Spuren Gruhles. Das Studium der erst in den letzten Jahren zugänglich gewordenen Dokumente wie der Haushaltbücher, der Auszüge des Obduktionsprotokolls und der ungekürzten Briefe hat ihn in seiner, schon auf dem 1. Düsseldorfer Schumannfest geäußerten Meinung bestärkt. Zu charakteristisch sind die über Jahrzehnte immer häufiger und anhaltenderen Phasen depressiver Verstimmungszustände, unterbrochen von geradezu übersprudelnden Schaffensperioden mit gehobenen Stimmungslagen. Dazu finden sich Angstzustände, Schlaflosigkeit und die Zeichen einer hochgradigen vegetativen Labilität. Auf der anderen Seite ist die Zielstrebigkeit bei persönlich gesteckten und künstlerischen Zielen außergewöhnlich. Nach der Heirat mit Clara und dem Fortfall der zermürbenden Spannungen mit Claras Vater gehen die Depressionen keineswegs zurück, sondern werden stärker. Trotzdem arbeitet Schumann, von Unterbrechungen abgesehen, unaufhörlich weiter und nimmt die Chancen einer Karriere im öffentlichen Musikleben wahr.

Clara Schumann 1870.
Gesellschaft der Musikfreunde, Wien.

Grabmahl von Clara und Robert Schumann
auf dem alten Friedhof in Bonn. Photo Sybille Franken 1984.

Erst ab 1852 lassen sich zu den bekannten Symptomen neu hinzugekommene nachweisen. Schumann wird »auffällig«. Eine verwaschene Sprache, Krampfanfälle, Gehörshalluzinationen, Verworrenheit, Gedanken- und Erinnerungslücken, Stereotypie, Unfähigkeit Klavier zu spielen, Unruhezustände und Aggressivität und endlich ein rascher geistiger und körperlicher Verfall prägen das Krankheitsbild. Zwanglos läßt es sich nur mit einem hirnorganischen Prozeß vereinbaren. Berücksichtigt man dazu Schumanns Lebensgewohnheiten vor der Eheschließung mit Clara, die von ständig wechselnden Sexualpartnerinnen begleitet waren, so hätte er schon von Glück sagen müssen, wenn er sich dabei nicht eine luetische Infektion zugezogen hätte. Darüber, daß Europa im letzten Jahrhundert mit der Syphilis in einem uns nicht mehr vorstellbaren Ausmaß verseucht war, hilft kein Moralisieren. Eine ganze Reihe unserer großen Komponisten, wie Schubert, Smetana, Donizetti oder Wolff, wurden ein Opfer der Seuche. Ein kleiner, heute als selbstverständlich erscheinender »Fehltritt« genügte, um den Grundstein zur Selbstzerstörung zu legen. Besonders teuflisch war es dabei, daß sich die Infektion anfangs kaum bemerkbar zu machen brauchte, um nach Jahren bis Jahrzehnten erneut als Paralyse in Erscheinung zu treten. Auch das »Intervall« zwischen Infektion und Auftreten der Paralyse – es liegt im Durchschnitt bei zwei Jahrzehnten – fügt sich in das Krankheitsbild.

Man wird bei der Diagnosestellung vielleicht bemängeln, daß dies und jenes zu wenig berücksichtigt und diskutiert wurde. Nicht alles, was den Überlegungen zugrunde liegt, konnte in diesem Rahmen ausführlicher dargestellt und begründet werden. Erwähnt sei nur, daß die Diagnosestellung nicht ohne die Hilfe von erfahrenen Fachkollegen erfolgte, von denen nur Prof. V. Becker, Direktor des Pathologischen Instituts der Universität Erlangen, und Priv.Doz. Dr. König, Leiter der Landesheilanstalt Valduna, Vorarlberg, genannt seien.

Schumanns Kinder

Das Schicksal Claras als Witwe und der Kinder Schumanns bildet ein Kapitel für sich, das nur in Umrissen dargelegt werden soll. Vieles davon bleibt im Dunkel und bedarf noch der Klärung.

Clara Schumann war eine hochbegabte Pianistin und auch Komponistin, allerdings recht konservativ verhaftet. Die Kompositionen von Brahms verstand sie teilweise nicht mehr. Ausdauernd, ehrgeizig und energisch, war sie für den sensiblen, ständig kränkelnden und wenig kontaktfähigen Schumann die Ehegefährtin, die er brauchte. Sie organisierte nicht nur den Haushalt, sondern bildete für ihn auch einen geistigen Widerpart. Dabei verstand sie es, trotz mancher Auseinandersetzungen, ihre Karriere der Schumannschen unterzuordnen. Man fragt sich, wie Clara ihre vielfältigen Aufgaben zu bewältigen vermochte. Der Kindersegen setzte sofort nach der Verheiratung ein, obwohl in den gesamten Brautbriefen von dieser Konsequenz niemals die Rede ist. Hier nun beginnt die Problematik bei der Beurteilung von Claras Persönlichkeit. Entgegen verschiedentlichen Idealisierungsversuchen waren die Mutter-Kind-Beziehungen, zumindest was die Söhne anbelangt, nicht ideal und von einer gewissen Gefühlskälte und Abwehr bestimmt. Clara blieb ihren Söhnen innerlich fern. Mit zunehmendem Alter zeigten sich bei ihr auch Züge ihres Vaters.

Claras Temperament kam der Tod Schumanns insofern entgegen, als sie sich nunmehr wieder voll ihrer Virtuosenlaufbahn hingeben und konzertieren konnte. So war sie Zeit ihres weiteren Lebens auch unaufhörlich auf Konzertreisen. In der Familie nahm sie bald die absolut dominierende Stellung ein, alleine schon aus finanziellen Gründen, denn sie mußte ihre Einkünfte großenteils für die Kinder aufwenden. Mit 76 Jahren starb sie an einem Schlaganfall.

Wie erging es nun den Kindern? Clara hatte zwischen 1841–1854 deren acht – vier Mädchen und vier Jungen – geboren. Der Sohn Emil starb schon nach einem Jahr, die anderen überlebten die Jugend. Die Tochter Julie, von Brahms geliebt, heiratete einen italienischen Grafen und verstarb nach längerem Siechtum mit 27 Jahren an Lungentuberkulose. Eugenie, Marie und Elise wurden alt. Anders stand es um die drei Söhne. Felix, der Jüngste, starb ebenfalls jung an Tuberkulose. »In Pension« groß geworden, wie fast alle Schumannkinder, machte er eine längere, von Depressionen begleitete Leidensgeschichte durch, in dem Bewußtsein, daß seine Krankheit über kurz oder lang tödlich enden würde. Er dichtete immerhin so gut, daß Brahms sein Gedicht »Meine Liebe ist so grün wie der Fliederbusch« vertonte. Clara wollte von den Dichtkünsten ihres Sohnes wenig wissen. So kam es zu Auseinandersetzungen über die Frage einer Publikation der Lyrik ihres Sohnes. Sie lehnte eine solche ab, und da Felix krank und mittellos war, mußte er sich fügen.

Der Sohn Ferdinand versprach ein solider Bankier zu werden. Gegen den Willen Claras heiratete er eine Jüdin. Im Krieg 1870/71 war er als Soldat eingezogen, willkommener Anlaß für die Familie Schumann, sein späteres Suchtleiden darauf zurückzuführen. Angeblich hatte er sich im Krieg einen überaus schmerzhaften Gelenkrheumatismus zugezogen. Nach dem Zeugnis des Geheimrats Dr. Lewin war das Leiden aber erst 1880, im Anschluß an eine »Militärübung« aufgetreten. Es dürfte sich dabei um den ersten akuten Schub einer primär chronischen Polyarthritis gehandelt haben. Ferdinand starb 1891, nach den Aussagen seiner Ehefrau an den Folgen einer jahrelangen »Salfonal«-Einnahme, die mit Lähmungserscheinungen einhergegangen sein soll. Er hinterließ sechs Kinder, für die Clara mitsorgen mußte.

Am wenigsten geklärt ist das Schicksal des Sohnes Ludwig, der 1848 in Dresden zur Welt kam. Auch er war von Jugend auf »in Pension« gewesen und sah die Mutter nur gelegentlich. Er war eigenwillig, konnte sich nirgendwo einfügen, wechselte öfters Schule und Lehre und soll aggressiv gewesen sein. 1871 wurde er wegen »unheilbarer Geisteskrankheit« in die Heilanstalt Colditz bei Leipzig eingewiesen. Bis jetzt ist es ungeklärt, welcher Art die Geisteskrankheit war, ja verschiedentlich wird sogar bezweifelt, ob Ludwig wirklich geisteskrank gewesen ist. Nach den erhaltenen Briefen von Clara an den Direktor der Colditzer Anstalt und an den Anstaltspfarrer Friedrich Grössel litt Clara sehr unter der »Verblödung« ihres Sohnes. Obwohl Ludwig immer wieder beteuerte, er sei gesund und um die Besuche der Mutter bat, konnte sie sich nur zweimal entschließen, nach Colditz zu fahren. Sie empfand die Besuche als eine zu große Aufregung, wobei sie »die Furcht, daß es dem Direktor unangenehm ist, und die stete Anwesenheit des Wärters, die auch so sehr peinlich ist« geltend machte. Einer Verlegung in eine andere Anstalt wollte sie nicht zustimmen. Ludwig starb drei Jahre nach Claras Tod, angeblich an einer eitrigen Rippenfellentzündung, im Alter von 51 Jahren. Die letzten zehn Jahre seines Lebens soll er erblindet gewesen sein. Er war immerhin so musikalisch begabt, daß er komponierte und seine später in Colditz aufgefundenen Klavierkompositionen 1976 zur Aufführung gelangten. Das spricht gegen die Äußerung Claras, daß sein Musizieren

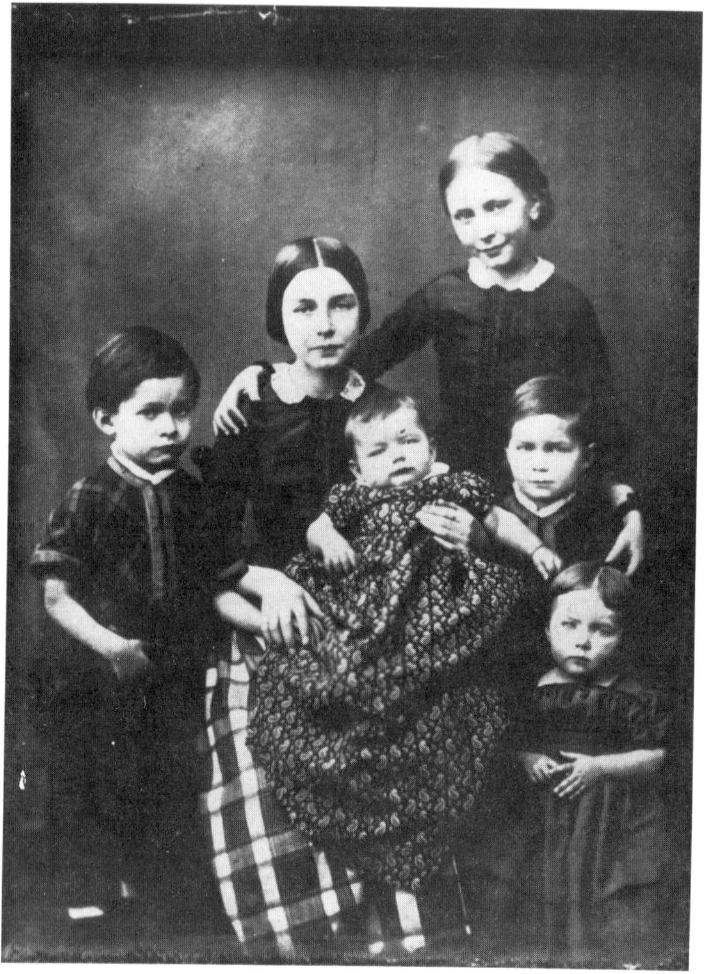

Die Kinder Schumanns: Hinten Marie (sitzend) und Elise;
vorn von links: Ludwig, Felix, Ferdinand und Eugenie.
Die Tochter Julie fehlt auf dem Photo. Der Sohn Emil war 1847
mit anderthalb Jahren gestorben. Stadtarchiv Düsseldorf.

entsetzlich gewesen sei und er weder Gehör noch rhythmisches Gefühl habe.

Man sieht die »zarte« Clara in ihren bräutlichen Briefen vor sich, wie sie sich die Zukunft vorstellt, und den konsequenten Schumann, der auf Heller und Pfennig zum wiederholtenmale die Kosten des Hausstands ausrechnet, den Preis der anzuschaffenden Möbel veranschlagt, das häusliche Musizieren und die Konzerttätigkeit von Clara ausmalt und kein Wort über die zu erwartenden Kinder verliert. Und diese Konsequenz einer hart erkämpften Ehe beinhaltete viel menschliches Leid. Schumann hat es nicht mehr erlebt, Clara suchte es zu verdrängen. Wer wollte sich bei dieser Unzahl menschlicher Verstrickungen ein Urteil zutrauen?

Literatur

Boetticher, W.: Robert Schumann. Einführung in Persönlichkeit und Werk. Berlin 1941. Veröffentlichung der Deutschen Robert Schumann Gesellschaft (Hahnefeld).

Boetticher, W.: Robert Schumann in seinen Briefen. (Hahnefeld) Berlin 1942.

Bowman, R.: Robert Schumann's Life. Psychiatrie 13, 1927 (1970).

Boucourechliev, A.: Schumann in Selbstzeugnissen und Bilddokumenten. Rowohlts Monographien. Rowohlt 1978, Hamburg.

Bräuer, A.P.: Ludwig Schumann und Colditz. Der Rundblick 23, 128–129 (1976).

Brahms, J.: Briefwechsel mit Clara Schumann. 2 Bände, Leipzig 1927.

Dahms, W.: Schumann, Leipzig 1925.

Eismann, G.: Robert Schumann, Tagebücher. VEB Deutscher Verlag für Musik Leipzig 1971.

Erler, H.: Robert Schumanns Leben. Aus seinen Briefen geschildert. 2 Bände, Berlin 1887.

Franken, F.H.: Untersuchungen zur Krankengeschichte Robert Schumanns. In: Robert Schumann – ein romantisches Erbe in neuer Forschung. Herausgeg. v.d. Robert-Schumann-Gesellschaft Düsseldorf, p.87–97 Schott, Mainz 1984.

Frazeni, T.: Johannes Brahms der Vater von Felix Schumann. Das Mysterium einer Liebe. 1. Aufl. Manfred Verlag, Bielefeld 1926.
Geiringer, K.: Johannes Brahms, sein Leben und Schaffen. Bärenreiter, Kassel 1974.
Geiringer, K.: Le Feuillet d'Endenich. La Revue musicale 16, 54–60 (374–380) 1935.
Gendsel, J.: Robert Schumanns Briefwechsel mit Henriette Voigt. Leipzig 1892.
Gruhle, W.: Brief über Robert Schumanns Krankheit an P.J. Möbius. Zentralblatt Nervenheilkunde Psychiatrie 29, 805–810 (1906).
Guislain, J.: Les Phrénopathies. Paris/Bonn 1852, p.388–411.
Hanslick, E.: Robert Schumann in Endenich. In: »Am Ende des Jahrhunderts.« 3. Aufl. Berlin 1899, p.317–343.
Heissmann, A.: Robert Schumann, sein Leben und seine Werke. 3. Aufl. Verl. J. Guttenberg, Berlin 1879.
Henson, R.A., Ulrich, U.: Schumann's hand injury. Brit.med.J. 1, 900–903 (1978).
Höcker, K.: Clara Schumann. DTV München 1978.
Holde, A.: Suppressed Passages in the Brahms-Joachim Correspondence. Published for the first Time. The Musical Quarterly Vol.XLV, 3, 312–324, Schirmer New York 1959.
Jansen, F.G.: Aus Robert Schumanns Sturm und Drangperiode. Leipzig 1883.
Kast, P.: Schumanns rheinische Jahre. Droste, Düsseldorf 1981.
Kerner, D.: Krankheiten großer Musiker. Schattauer, Stuttgart 1963.
Kleinebreil, H.: Der kranke Schumann. Untersuchungen über Krankheit und Todesursache Robert Schumanns. Diss. Jena 1953.
Kross, S.: Schumanns Sterbehaus in Endenich und die Bonner Schumann-Tradition. Bonner Geschichtsblätter Bd. 10, 180–187 (1956).
Kross, S.: Briefe und Notizen Robert und Clara Schumanns. Bonn 1978.
Leibrand, W.: Der kranke Schumann. Med.Welt 1273 (1929).
Linder, M.: Die Psychose von Robert Schumann und ihr Einfluß auf seine musikalische Komposition. Schweiz.Arch.Neurol.Psychiatr. 83, 83–129 (1959).
Litzmann, B.: Clara Schumann, ein Künstlerleben. Nach Tagebüchern und Briefen. Breitkopf und Härtel, Leipzig 1902–1908, Bd. I und II/III.
Litzmann, B.: Clara Schumann – Johannes Brahms. Briefe aus den Jahren 1855–1896 Breitkopf und Härtel, Leipzig 1927.
Mac Master, H.: La folie de Robert Schumann. Paris 1928.
Möbius, P.J.: Über Robert Schumanns Krankheit. Marhold, Halle 1906.
Nussbaum, F.: Der Streit über Schumanns Krankheit. Diss.Köln 1923.
Ostwald, P.F.: Florestan, Eusebius, Clara, and Schumann's Right Hand. 19th Century Music IV, 17–31 (1980).

Ostwald, P.F.: Robert Schumann and his Doctors. Am.J.Soc.Psych. III, p.5 (1983).
Payk, Th.R.: Robert Schumann als Patient in Bonn-Endenich. Confinia Psych. 20, 153–161 (1977).
Petzold, R., Crass, E.: Robert Schumann, sein Leben in Bildern. VEB Bibliographisches Institut Leipzig (1956).
Rehberg, P. und W.: Robert Schumann. Zürich 1954.
Richarz, F.: Robert Schumann. Signale für die musik.Welt 31, 625–627 (1873).
Rothe, H.J.: Neue Dokumente zur Schumann-Forschung im Stadtarchiv Leipzig. Arbeitsberichte zur Geschichte der Stadt Leipzig Nr. 13 (1967). Schreibmaschinenmanuskript p. 1–17.
Sams, E.: Schumann's hand and injury. Musical Times, Vol. 112, 1156–1159 London 1971.
Schaaffhausen: Robert Schumanns Gehirn und Gehörorgane. Einige Reliquien berühmter Männer. Correspondenzblatt der Deutschen Gesellschaft für Anthropologie Bd. 16, 147–149 Braunschweig 1885.
Schneider, H.: Bedeutende Musikerautographen. Katalog Nr. 241, p.22 Tutzing 1980.
Schumann, C. und R.: Briefwechsel. Kritische Gesamtausgabe. Hrsg. von E. Weissweiler. Bd. I 1832–1838. Stroemfeld/Roter Stern, Frankfurt 1984.
Schumann, E.: Robert Schumann. Ein Lebensbild meines Vaters. Koehler und Amelang, Leipzig 1931.
Schumann, R.: Jugendbriefe. Hrsg. von Clara Schumann. Leipzig 1885.
Schumann, R.: Briefe. Hrsg. von F.G. Jansen. Leipzig 1886.
Schumann, R.: Tagebücher Bd. III. Haushaltbücher Teil 1 und Teil 2 (1837–1847). Hrsg. von G. Nauhaus. VEB Deutscher Verlag für Musik, Leipzig 1982.
Slater, E., Meyer, E.: Pathography of Robert Schumann. Confinia Psychiatrica II,2 (1959).
Slater, E.: Schumann's Illness. Aus: Walker, A.: Robert Schumann, the Man and his Music. Barry and Jenkins, London 1972.
Ströter, M.M.: Das Dunkel kam wieder. Erinnerungen an Schumanns letzte Lebenszeit. Musica 10, 466–469 (1956).
Sutermeister, H.M. Das Rätsel um Robert Schumanns Krankheit. Praxis 48, 1177–1185 (1959).
Uthmann, J. von: Die alten bösen Lieder. Frankfurter Allgemeine Zeitung 180 (1977).
Wasielewski, J.W.: Robert Schumann. Dresden 1858.
Weissweiler, E.: Söhne eines Genies. Frankfurter Allgemeine Zeitung 112 (1982).